天下文化

BELIEVE IN READING

科學文化 232

原書名：這個不科學的年代

費曼的科學精神

知識份子的謙卑

The Meaning of It All

Thoughts of a Citizen-Scientist

理查・費曼
Richard P. Feynman

吳程遠 —— 譯

THE UNIVERSITY OF WASHINGTON
proudly presents the second

John Danz Lecturer

PROFESSOR RICHARD P. FEYNMAN
Physicist, CALIFORNIA INSTITUTE OF TECHNOLOGY

in a series of three closely related lectures

"A SCIENTIST LOOKS AT SOCIETY"

topics will include
"THIS UNSCIENTIFIC AGE"
"SCIENCE AND HUMAN VALUES"
"SCIENCE AND MAN'S FUTURE"
in the series, Dr. Feynman explores problems in the borderline between science and philosophy, religion, and society

complimentary

8 p.m.	8 p.m.	8 p.m.
April 23	April 25	April 27
Meany Hall	Health Sciences Auditorium	Health Sciences Auditorium

譯注：右頁是華盛頓大學第二屆約翰・丹茲講座的公告。

這是一系列三場主題相關的演講，於一九六三年四月下旬舉行，講座主題「一位科學家眼中的社會」，由加州理工學院物理學家理查・費曼教授主講。聽眾可免費入場。公告中說，在這系列演講中，費曼博士會探討遊走在科學與哲學、科學與宗教，以及科學與社會等邊緣的問題。四月二十三日晚上八點首場演講的講題是「這個不科學的年代」，四月二十五日第二場的題目是「科學與人的價值」，二十七日第三場的講題是「科學與人類的未來」；不過實際演講時，費曼的講題有了一些變動。

出版者的話

Helix／Perseus 出版社

我們很榮幸能跟各位分享這些光芒四射、發人深省的演講實錄，這些演講內容是第一次結集成書。

一九六三年四月間，理查．費曼應邀到華盛頓大學連續做三場演講，為約翰．丹茲講座的一部分。

在這三場演講中，費曼以他獨有的方式，披露他對於社會、對於科學和宗教間的衝突、對於戰爭與和平、對於全球各地有關飛碟的狂熱、對於信仰治療法和心電感應，以及對於人們不信任政客等等的省思——簡直是涵蓋了做為一位現代的市民兼科學家會關心的所有議題。

這本書可以說是：

純粹的真金，

純粹的詩篇，

純粹的費曼。

推薦序

在這個「不科學的年代」努力追求真相

孫維新

中世紀的歐洲水手，常會在暴風雷雨中在桅杆頂端看到一圈藍白色的光芒，水手們稱之為「聖艾爾摩之火」（St. Elmo's fire），代表保護水手的聖徒艾爾摩出現了。經歷了狂風暴雨而倖存的船隻回到港口，都說還好有聖徒出現，大家才沒有葬身大海，東方的水手也常將這個現象歸因於海上菩薩顯靈，拯救了整艘船的人，回到岸上，眾口相傳，就成了流傳久遠的聖徒或菩薩於海上災難時顯靈的民間信仰。

今天我們知道這個現象就是「尖端放電」，雷電交加時，尖銳物體特別容易累積大量電荷，當空氣足夠潮濕就很容易達到介電質的擊穿值，極高電壓將空氣電離，在尖端物體的周遭創造了一個圓形的放電區域。但這個現象為何會發展成東西方的民間信仰？就因為「正向加乘」的結果！那些「活著回來」的人眾口爍金，都說只要看到這個「火」就得救了，因為大家的「觀測證據」互相比較都相符。但這個現象從科學的角度分析，會出來什麼結果？

從自然現象的普適性來看，在風暴雷雨中的各式船隻，桅杆上出現「尖端放電」的機率都很高，但有些船挺過風暴，安全回港，有些船卻遭遇不幸，淪為波臣。那些在風暴中沉掉的船，即使船上的水手也看到聖艾爾摩之火出現，但因為跟著船沉入海中，就永遠也沒機會說：「我也看到了……。」這就是科學上的「取樣偏差」（sample bias）。

另一個「取樣偏差」的例子是賭場如何讓人心甘情願掏錢下場，當您走到拉斯維加斯大型賭場中「吃角子老虎」那一區時，充耳所聞都是玩家贏了錢、硬幣落在機器下方盤子中的清脆聲音，聽起來好像大家都在「贏錢」！您不趕快加入更待何時？問題是「輸錢」的過程沒有聲音！因此要對賭客公平，讓他們能做「科學上正確」的決定，賭場需要在賭客輸錢的時候，也就是放錢進入「吃角子老虎」，但沒有錢幣掉下來時，聽到一次悲慘沮喪的嘆息聲，但如果真這麼做，整區就會被悲慘嘆息淹沒，因為贏錢的只是少數，在這個「公平展示真實數據」的情況下，您還會有興致下場玩一把？

人為的「數據展示」可以作弊，自然界的天體運行照樣也可以「惡意解讀」。在日本福島三一一地震連著海嘯發生的時候，臺灣的電視臺紛紛針對這個災難邀請專家學者和媒體名嘴上節目討論，我也去上過一個節目，節目中名嘴說了：「這個慘劇就是『超級月亮』造成的！因為當時月亮和地球的距離如此之近，比它們最遠時要近了五萬公里！」聽起來好嚇人，月亮和地球的平均距離只有三十八萬五千公里，一下子近了五萬公里哪還得了？但名嘴沒有說的是，每個月「月亮都是這麼轉的」！

月亮繞地球公轉的軌道是橢圓，橢圓就會有「近地點」和「遠地點」，近的時候地月距離約為三十五萬公里，遠的時候是四十萬公里，每個月最近和最遠都會差上五萬公里，難道每個月都會有一次地震大海嘯？以上的三個例子裡，無論是「自然現象的取樣偏差」，或是「人為操作的正向加強」，或者是「天體規律的惡意解讀」，都是我們這個社會「不科學」的表現。

天下文化出版了《費曼的科學精神》一書，是費曼於一九六三年在華盛頓大學環繞著「社會上的不科學」這個現象給的三場演講，他談的不是科研領域上的尖端發展，而是「科學的本質」和「處事的態度」。因為人類社會在處理各項問題上，常常表現得相當「不科學」，他就希望能藉著這三場演講，釐清對科學本質的誤解，讓人們能用正確的態度面對生活中的問題。

書中有不少警句良言，如：「所有的科學知識都是不確定的，與不確定打交道的經驗十分重要」，和「存疑很明顯是科學的一項價值」，以及「如果我們沒有一絲的困惑，或體認到自己的無知，我們就無法得到任何新觀念」。

費曼清楚地告訴聽眾，「不確定」和「存疑」是科學研究能夠進步的本質，只有持續追問，才能獲得新的答案，讓人類的認知持續進步。所以他說：「今天我們稱為『科學知識』的東西，其實是一堆不確定的論述，只不過不確定的程度不一。」但社會大眾常常認為，這些經過科學家嚴謹研究所得的知識，是「確定的」和「不容挑戰的」，也就是這些錯誤認知，反而讓「科學態度」在社會上的普及和提升受到阻礙。就這方面而言，我們看到了這本書的重要價值。

因為這本書是將口語演講直接轉成書籍篇章，文字表現並沒有一般作家費心撰稿的嚴謹優雅，更多的是「費曼式」帶有一點諷刺意味的隨興表達，所以我建議讀者不要認真看待每個字，而是輕鬆讀完之後再做回味，慢慢地就能理解費曼想分享的核心價值，也就是如何過上一個「科學的生活」！

科學不在追求真理，只在找出真相，科學家永遠也不會獲得一個沒有誤差的終極答案，只是不斷地去問更好的問題。在許多領域中，我們仍然活在「前哥白尼」的時代，認為是太陽繞著地球轉。只有領略且培養了正確的求真態度，才有機會在這個「不科學的年代」中緩步前行，看到理性的曙光！

導讀
再掀波瀾吧，費曼先生！

吳程遠

有一件很有趣、令人驚訝的事情，當時恐怕沒有太多人注意到，注意到之後，現在也可能已經泰半淡忘掉了。

話說一九八八年七月間，美國國家科學基金會進行了一項調查，透過電話採訪了兩千零四十一位年齡在十八歲以上的美國成年人，問了他們七十五個有關基本科學常識的問題。結果發現，美國可能有數以百萬計的成年人，是屬於「科學文盲」之列，例如：

- 被問及到底是地球圍繞太陽運行，抑或是太陽繞著地球跑時，百分之二十一的受訪者回答錯誤，百分之七說不知道答案。但早在十六世紀，約四百五十年之前，波蘭天文學家哥白尼便已提出了地球圍繞太陽運行的說法！
- 在回答地球繞行太陽一週需要多少時間時，百分之四十五選對了「一年」這個答案，然而有百分之十七的受訪者說答案是一天，百分之二說一個月，百分之九的人根本不知道答案。
- 只有百分之四十三的人說對了電子比原子小，另有百分之三十七的受訪者茫無頭緒。
- 被問到雷射是不是靠聚攏聲波而成時，有百分之二十九回答「是」，百分之三十六曉得這是錯誤的。而事實上雷射是靠聚集光波、波與波之間互不干涉而成的。
- 此外，雖然有百分之七十六的人知道光的速度比聲音的速度快，但仍然有百分之十九的人以為聲波的速度比光波快。

- 有些錯誤還可能會導致危險，因為百分之六十三的人錯認為抗生素可以殺死細菌及病毒，但其實抗生素只能將細菌殺死。因此如果醫生告訴某個人說他體內有病毒，而他家裡剛巧有抗生素，也許他就逕行吞服了。
- 還有，大部分的受訪者不知道當時美國總統辯論中候選人提到的「星際大戰」計畫、酸雨或溫室效應到底是些什麼東西。

基本上，這個調查估計，約有百分之九十三到九十五的受訪者屬於科學文盲，缺乏基本的科學常識，不懂科學語彙、科學方法，更不了解科學對近代社會的影響及所帶來的衝擊。而在這個調查三年之前的一九八五年間，他們進行過類似的調查，當時發現美國的科學文盲率為更高的百分之九十五。（過去十年來，卻好像沒聽過類似的調查報告。但想到「十年樹木，百年樹人」的道理，如果目前再做一次調查，結果或許也好不了太多！）

了解到這個背景，就不難想像，為什麼再往前十五年，即在一九六三年間，當費曼應華盛頓大學之邀，擔任丹茲講座主講人時，會既調皮又深沉地喟嘆：「這個不科學的年代！」

可是，歷年以來，美國不是擁有諾貝爾獎得主數目最多的國家嗎？如果美國的「科學文盲率」是如此之高，那麼美國的科學成就和科學傳統從何而來呢？

有趣的是，費曼在這三場演講中，事實上無意之中，間接地已經提出了解開這個矛盾的答案。噢，不，費曼在這三場演講中，從頭到尾都沒有要回答「為什麼在這個不科學的年代中，美國卻有輝煌的科學成就」這個問題的意思，他甚至沒提起過類似的問題。可是假如你仔細讀過這三篇演講紀錄，好好思索一番，那麼也許也會受到很大的啟發。

我知道我不確定

首先，費曼從最基本的問題討論起，即「科學的本質，特別要強調的是牽涉其中的『存疑』和『不確定性』。」（第００４頁）

費曼指出，「存疑」和「不確定性」是好處，不是壞處，是科學的本質，也是進步的泉源。

他進一步說，在科學中，觀測、數據才是「『判斷某個想法是否包含真理』的終極大法官」（第０２１頁），因此，「在科學世界中也沒有權威這回事，一個想法是好是壞，不是由權威人士來決定。」（第０２９頁）

帶著聽眾（或讀者）這樣走了一圈，大致了解他所謂「科學」到底指的是什麼東西之後，向來瞧不起哲學家的費曼卻做出一番哲學式的省思：

因此，科學家早已習慣面對「存疑」和「不確定性」。所有的科學知識都是不確定的。這種與疑惑和不確定性打交道的經驗十分重要，我相信其中潛藏著巨大的價值，而且這種經驗超越科學，往外延伸。我相信，要解開任何從未被解開過的題，你必須讓通向未知的門半開半掩地，容許「你可能沒全弄對」的可能性。否則，假如你早已抱有定見，也許就找不到真正的答案。（第036頁）

……做為一個知道「無知哲學」的偉大價值、更知道這套哲學可以帶來巨大進步的科學家，我覺得我肩負一種責任。我覺得我有責任大聲疾呼，宣揚這種自由，教導大家不要害怕疑惑，而是要歡迎它，因為它是人類新潛能的可能來源。如果你知道你不很確定，你就有改進現狀的機會。我要替未來的世代爭取這自由。（第038頁）

也許可以籠統地說，相較之下，美國比別的國家更能提供這種自由，而因此在科學發展上，近數十年來始終領先其他國家。費曼說：「美國政府成立之初，開國元老乃是本著一種『沒有人懂得如何建立政府、甚至如何治理國家』的信念來進行的。大家都不知道應該怎麼辦的結果，就是創造出一套治理國家的制度，方法就是容許新想法在這套制度之中誕生、試試看是否行得通。……草擬美國憲法的人都了解懷疑的價值。……懷疑和討論是進步的重要因素。」（第066至067頁）

科學精神比科學知識更重要

回到前面提過一九八八年的調查報告，也許我們不應單憑調查的結果貿然下結論說，美國民眾的科學水準十分之低，說「我們的國中、國小學生如果回答那七十五個題目，分數大概都會更高」之類的話。這是因為懂得一堆科學名詞及科學事實，並不代表懂了科學。記不記得費曼在巴西教書時碰到的學生？

（請參閱《別鬧了，費曼先生》〈美國佬在巴西〉一章）事實上，重點在於能否實踐科學精神。畢竟幾百萬年以來，原始人從來不曉得地球繞太陽一圈要多久、誰繞誰等，更不曉得原子電子的分別，卻依然不停地演化進步！

因此，有可能從事科學研究的美國人數目只占全美人口的一小部分，但這少數對科學有興趣、有天分的人，卻得以在自由的環境中發揮他們的才能，發展科學。

此外，西方文明之中，科學傳統其實是很重要的一部分。費曼對這方面也有很清楚的論述，他說：「我覺得，西方文明乃是立足在兩大傳統之上。其中之一是科學的冒險精神——闖蕩到未知世界裡；重點是：你必須承認及了解這未知世界的未知本質，才能進行探險，它要求的是宇宙所有無法解答的謎題繼續維持無法解答，保持一種『一切皆不確定』的態度。用一句話作總結：知識份子的謙卑。」（第063頁）

也許我們現在要體認到，就科學這件事情上，中國人是在跟西方學習。而我們要麼不學（繼續扮演原始人的角色？），要麼就好好地了解、學習、吸收這種科學精神，落實到日常的生活態度中，內化而成為中國文化的一部分。

不過，我們也不需要太嚴肅，正如費曼說的：「我不擔心世界上有不科學的事物。世界上有不科學的事物並不真那麼糟……我的意思是說，在生命裡，在歡愉中，在激動的時候，在人世間的快樂及追尋中，以及在文學裡等等，都不需要多科學化，更沒理由『科學』。在這些情況中，大家必須放輕鬆，享受生命。」（第085至086頁）

在第一講跟第二講裡，讀者也許會蠻訝異地發現，其實費曼也是一個嚴肅的人。雖然他演講時語氣幽默，偶然也會嘲諷一下自己或別人，但在科學與社會、科學與宗教，以及科學與哲學等問題上，他的確思索過頗多，演講時候條理分明，將他要講的想法講得很清楚動聽。

需要的還是科學態度

講完了第一場及第二場，費曼在第三場演講中突然回復他那頑皮風格。他說，原先準備講三場的材料，在兩場演講裡便講完。不過，「對於這個世界，我還有許多『不安』的感覺和想法……現在唯一能做的，就是把我這些雜七雜八，並不太有條理的不安想法告訴你們。」

不過，費曼這些「雜七雜八」的想法卻適足以顯示他厲害的洞察力，以及涉獵廣泛。在這第三場的演講中，他提到的議題包括了：

- 政治選舉。他覺得，這是「一個很不科學的層面，而如果這方面能稍微更科學一點的話，大家都會好過些。」（第087至088頁）接著，他舉了一個很滑稽的例子。
- 觀心術士，心電感應等。怎樣用科學態度來面對、探討這些玄之又玄的事物呢？費曼對此有很精采的論述。他強調的是，真理應該愈檢驗愈明顯的，而且要是這些現象都是真的話，那就很有趣了。（第092頁起）

- 飛碟、幽浮。面對這問題時，也牽涉到科學態度。（第102頁）
- 奇蹟。怎樣用科學態度看待奇蹟呢？費曼會告訴你。（第105頁起）
- 電視的收視調查、廣告、記者的報導。費曼討論到這些議題時，十分憤慨也十分滑稽。但在嬉笑怒罵當中，他闡釋了做調查或報導時應注意的事項，需要的還是——科學態度。（第113頁起）
- 星座、迷信。費曼說，如果這些都為真，那保險公司的人就最高興了。因為……（第124頁起）
- 房地產經紀、賣藥者不太高明的騙術。（第129頁起）
- 種族主義。他談到他的一些有趣經驗，回應前兩場演講中提到的自由

主義論點。（第133頁起）

- 核彈試爆、輻射。這牽涉到科學家的誠信及責任感等。（第143頁）
- 太空探險。「聽」完這部分，你會恍然大悟，為何一九八六年挑戰者號太空梭意外發生之後，美國政府會找費曼參與調查意外發生的原因。（第147頁起）
- 「利用太空進行軍事行動。」（第152頁）記住，費曼說這話時，蘇聯的人造衛星才剛發射不久，美國要再過六年，才登陸月球。
- 英語教授、心理醫師與巫醫。（第153頁起）
- 「在不久的將來，生物學的進展會造成前所未見的問題。」（第161頁）當然，他讀過赫胥黎所寫的《美麗新世界》。現在，問題開始浮現了，你可想想桃莉羊、複製人等等的話題。

費曼這一生，著述以專業論文居多。但他喜歡講故事、喜歡演講。也幸虧如此，經由別人替他整理之後，才能出版了像《別鬧了，費曼先生》、《你管別人怎麼想》和《物理之美》等饒富深意的書。而每一次，我們都跟他學到不少東西。這本《費曼的科學精神》，事實上一直被埋沒了很久，前幾年出版社的科學主編在一堆費曼的檔案裡發現演講的相關資料，整理之後才於一九九八年出版英文版。

我們實在應該很慶幸，現在費曼又能再掀波瀾了！

目次

丹茲講座公告　二
出版者的話　四
推薦序　在這個「不科學的年代」努力追求真相　孫維新　六
導讀　再掀波瀾吧，費曼先生！　吳程遠　一一
第一講　科學的不確定性　002
有些人說：「你怎麼能夠活著而無知？」
我不知道他們是什麼意思。
我從來都活著，也從來都很無知。那容易得很。
我想知道的是你如何能什麼都知道。

第二講　價值的不確定性　040

我有四個理由那樣說。
哈，要知道如果你沒有什麼好理由，
就需要有好幾個理由了。
於是有四個理由讓我覺得，
道德價值不在科學的範圍內。

第三講　不科學的年代　080

現在我發現，我慢慢地、很仔細地在兩場演講裡，
就把我的那些想法完全講完了。
由於我答應過要做三場的演講，
現在唯一能做的，
就是把我這些雜七雜八的不安想法告訴你們。

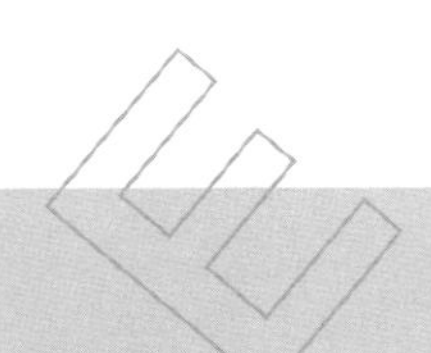

第一講
科學的不確定性

THE MEANING OF IT ALL

做為一個知道「無知哲學」的偉大價值、
更知道這套哲學可以帶來
巨大進步的科學家，
我覺得我肩負著一種責任。
這些進步乃是思想自由的果實。
我覺得我有責任大聲疾呼，宣揚這種自由，
教導大家不要害怕疑惑，而是要歡迎它。
如果你知道你不很確定，
你就有改進現狀的機會。
我要替未來的世代爭取這自由。

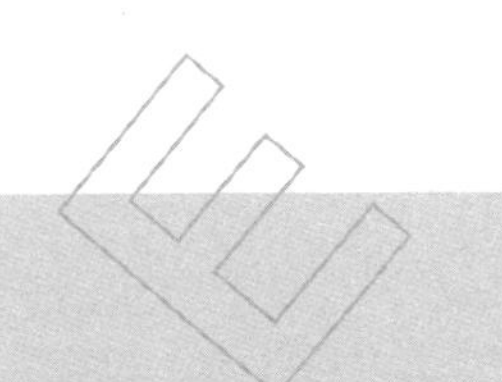

我打算直接切入正題，討論科學對其他學門中各方觀念所帶來的衝擊及影響。這是丹茲先生特別想要探討的題目。在這系列演講的第一講裡，我要談談科學的本質，特別要強調的是牽涉其中的「存疑」和「不確定性」。在第二場演講中，我要討論科學觀點對政治問題，特別是所謂國家公敵，以及宗教問題等等，所帶來的衝擊。而在第三場演講呢，我想描述一下在我眼中這社會長什麼模樣——我可以說，我要談的是在一名科學家眼中，這社會是什麼模樣；但事實上這只是我眼中所見。此外，我也想描述，未來由於科學的新發現而可能衍生出來的社會問題。

我懂多少宗教和政治呢？華盛頓大學物理系和其他各地的一些朋友取笑我說：「我也想跑來聽聽你有什麼要說。我從來不知道你對這類題材有興趣哪。」他們的意思當然是，我對那類題材有興趣，只不過我沒膽量談那樣的議題而已。任何人想要談某個領域中的觀念如何衝擊另一個領域中的觀念時，結果都會自曝其蠢，自找麻煩。在這個講究專業專門的年頭，沒幾個人能同時深入了解兩個不同領域的知識，因此總是會在其中一個領域裡出盡洋相。

其實，我想描述的都是些古老概念。今天晚上我所要說的，極有可能早在十七世紀時就被當時的哲學家談過、論過的了。那麼，為什麼要再重複這一切呢？因為，每天都有新一代誕生。因為，人類歷史上建立起來的許多偉大觀念，必須靠我們刻意地、明確地一代一代傳諸後世，否則這些觀念就會失傳。

很多古老觀念早已演變成普通常識，用不著再作討論或說明了。但是，當我看看周圍的人時，就會覺得，跟科學發展這個大題目相關的諸多觀念，並不是人人都能領略或欣賞的。沒錯，有很多人懂科學，懂得欣賞科學，特別是在大學殿堂之內，大部分的人都了解科學是怎麼一回事；你們今天晚上也許全跑錯了地方，不是我心目中的聽眾。

在這場十分不好講的演講中，我會從尾巴開始講起，尾巴部分是我最了解的部分。我的確了解科學，我很清楚科學的概念、科學使用的方法、科學看待知識的態度、它進步的原動力，以及它在心智上的紀律。因此，在這第一場的演講中，我將要談一談我所了解的科學，而把我那些比較荒誕不正經的話留到下兩場演講再說。到那個時候，我猜想，聽眾會愈來愈少。

科學到底是什麼東西？

「科學」到底是什麼東西呢？一般來說，科學指的是三種東西的其中一種，又或者是三種東西的混合體。我不覺得我們需要說得十分精確；太精確未必一定是個好主意。

有些時候，科學指的是追根究柢的某些特別方法。在另一些情況，科學指的是追根究柢之後湧出來的一堆知識。科學也可以是指追根究柢發現了些什麼之後，因此可以做到的新事物、新計畫，又或者指實際著手進行新事物和新計畫本身。最後這個領域一般叫作「技術」（technology）——但如果你讀一讀《時代》（*Time*）雜誌的科學專欄，就會發現專欄中大約有一半的篇幅是用在介紹新事物的發現，另外一半篇幅涵蓋的卻是新事物是些什麼，以及如何弄出來的。因此，一般大眾對科學的定義，也把技術的成分包含在內了。

而我想把科學的這三個層面反過次序來討論。首先我會從你能夠弄出什麼新東西談起——換句話說，從技術談起。科學最明顯的一個特徵，就是它的應用特性，即是說，由於科學的發展，結果我們就具備了做某些事情的力量。而這力量的效應已經不太需要再多費唇舌來說明，如果不是科學的發展，整個工業革命差不多不可能發生。今天，我們不必靠奴隸制度，我們容許眾人自由存活、全力生產，而且有能力生產足夠數量的食物以應付這麼龐大的人口，以及控制疾病；此一事實極可能就是由於發展出科學化的生產工具而出現的結果。

現在我要說的是，這種「做新事物」的力量並沒有附上使用說明指示，不管是用於善的或用於惡的都沒有。因此事實上，這種力量的產出物是善是惡，完全要看它被如何運用。我們很喜歡看到全球生產有改善，但對於自動化大家都很有意見。我們對醫療的發展很滿意，然後又擔心新生人口的數字，擔心由於我們把某些細菌消滅掉之後，再也沒有人會因這些疾病而死亡。又或者，同樣是掌握了關於細菌的知識，有些人卻建立起祕密的實驗室，拚命地、偷偷地想製造出無人能治的疾病。我們很滿意航空運輸的各種進展，那些巨大的飛機真是令人印象深刻，但我們也警覺到空戰的諸般恐怖。我們更加高興眼下國與國間的通訊方便，不過大家又擔心會很容易被監聽。人類進入太空固然令大家很興奮；但是，毫無疑問，以後這方面也一定會碰到麻煩。類似的不平衡感覺之中，最有名的要算核能和因它而來的問題了。

你可以上天堂，也可以下地獄

那麼，科學到底有沒有什麼價值呢？

我覺得，這種讓人能達成一些什麼的力量，總是有它的價值的。至於達成的結果是善的事物抑或是惡的事物，就要看這力量如何被運用；但力量本身是具備價值的。

有一次在夏威夷，別人帶我去參觀一座由佛教徒蓋的廟宇。廟裡面有個人跟我說：「我要告訴你一些你永遠忘不了的事情。」接著他說：「上天給每個人一把打開天堂之門的鑰匙。而這把鑰匙也可以用來打開地獄之門。」

科學的情形也一樣。

從某些角度來看，科學是打開天堂之門的鑰匙，但它同時也是打開地獄之門的鑰匙，而我們沒接到任何關於哪道門是哪道門的指示。我們是否應該把鑰匙丟掉，從此也放棄進入天堂的方法？還是說，我們繼續跟這個「怎樣善用鑰匙」的問題搏鬥？當然，這是很嚴肅的議題，但是，我想我們不能就此否定了這把可以打開天堂之門的鑰匙的價值吧。

所有由於「社會和科學兩者之間的關係」而衍生出來的重大問題，其實都不出這個範圍之外。當科學家被告知他必須為自己對社會的影響負點責任時，一般指的都是科學的應用部分。如果你研究的是核能，那麼你必須明白，它也能用在對人有害的用途上。因此，在某些科學家的討論會中，你會預期這將成為最重要的議題。但我不會再作進一步的討論了，我覺得，把這些當作科學問題來處理實在太誇張了，它們比較屬於社會問題。

事實是，這力量如何運作是十分明確清楚的，但怎樣駕馭控制它則十分不明顯，而且也不是什麼科學的事，這更是科學家不怎麼懂的議題。

說個巴西的小故事

讓我再舉個例子，來說明為什麼我不想談這些。前些年，大約在一九四九年或一九五〇年的時候，我跑去巴西教物理。當時有一個叫作「點四」的援助計畫，那很教人興奮——每個人都準備去援助那些未開發國家。當然，他們需要的是技術知識囉！

在巴西時，我住在里約市。里約市內有些小山丘，山上的房子都是用撿回來的破木塊搭建成的，那些人真的窮得不得了，他們沒有下水道也沒有自來水。取得日用水的方法，是找個舊汽油罐，頂在頭上走下山來，走到一個工地。因為那裡正在蓋新房子，由於攪拌混凝土，工地用到很多水。於是那些窮人把舊汽油罐注滿水，再帶回山上。隔沒多久你就會看到，有些水經過一條髒水管又從山上流到山下來。整個情況十分可憐，慘不忍睹。

而就在這些山丘旁邊，卻是可巴卡班那海灘（Copacabana Beach）的精采建築、漂亮樓房……等等。

我跟「點四」計畫的朋友說：「問題是否出在技術知識上？他們不懂得怎麼從山下鋪條水管到山上嗎？難道他們不懂得鋪條水管到山頂之後，至少大家可以提著空罐子上山，再把罐子裝滿髒水帶到山下倒掉嗎？」

因此，這並不是技術知識的問題，鐵定不是。因為就在鄰近的高樓大廈裡，水管唧筒一應俱全，終於我們弄清楚了這點。現在我們又覺得，這是一個經濟援助的問題，我們也不知道援助究竟有沒有用。但在我看來，計算每座山鋪一條水管、安裝唧筒要花多少錢等等問題，並不值得討論。

儘管我們不知道解決這個問題的答案，讓我先指出，至少我們試過兩樣方法：技術支援和經濟援助。這兩方面都不成功，令人沮喪，目前我們正在試別的，而等一下你們就會發現，我覺得這些新嘗試令人鼓舞。我想，做任何事情的不二法門，就是不斷地嘗試新方法。這些就是科學的應用層面，它們是那麼的明顯，我想我們不必再討論下去了。

驚心動魄、狂野十分

科學的另一層面，是它的內容本身，所有的新發現本身。這是收穫，是黃金，是令人興奮的部分，是你刻苦思考努力工作之後的回報，這些努力全不是為了某種應用而做的，完全是為了發現新事物時的振奮人心。也許你們之中大部分的人都知道這種感覺。但如果你不明瞭這種感覺，我差不多不可能就在這場演講中讓你理解科學的這個重要面相，無法讓你了解這教人興奮的部分、而且也是做科學的真正原因。但如果不了解這些，你就根本沒抓到重點。如果你不理解、不懂得欣賞這場劃時代的偉大冒險，你簡直就無法弄清楚科學到底是怎麼一回事，也弄不清楚科學跟其他事物的關係。除非你明白到這是場驚心動魄、狂野十分、令人興奮的大冒險，你就根本沒有活在這個世代裡。

你覺得科學沉悶嗎？其實它一點都不沉悶。這真是最難說清楚的部分了，但也許我可以略說一二。讓我隨便講起吧，就從一個概念開始好了。

比方說，古代的人相信，地球是一隻大象的背部，大象站在一隻烏龜上，烏龜則在一個海裡游來游去，海是沒有海底的。當然，這個海又是由什麼支撐著，就完全是另一個問題了，那時候的人對此沒有答案。

古人這信念，來自他們的想像力。這是個充滿詩意、十分美麗的想法。看看我們今天如何看待同樣的問題吧，會沉悶嗎？我們現在說，這世界是一個不斷轉動的球，球上黏滿了人，有些人在倒立著，而我們繞著太陽呼嘯而過，就像一塊吐出來的小骨頭般在一個大火球面前亂轉。這真是更羅曼蒂克、更刺激了。我們是靠什麼留在地球上？重力，重力不單只是地球上的「東西」，而且它正是打一開始使地球變成球狀的東西，使太陽成為太陽，使地球繞著太陽飛、不要老想脫離軌道的力量。重力不單只控制著星球，更主宰著星球與星球的運作。眾多星球在星系中不分方向，不分遠近，全都被安置在各自位置上。

已經有很多人嘗試過描述我們的宇宙了，但這會繼續下去，永遠摸不到邊，就像前面那個想法中沒有海底的海一樣——同樣的神祕、同樣讓人耳目一新、啟迪心靈，也同樣不完整，跟古老充滿詩意的描述一模一樣。

真是奇妙，真是美麗

但注意，大自然的想像力要遠遠超過人類的想像力。任何人，如果沒試過從實際觀測中領略過這種感受的話，是永遠無法想像出像宇宙這樣繽紛的事物的。

又或者想像一下地球和時間。你有在任何書本中讀到過、由任何詩人寫的任何談到時間的篇章，是比得上實際的時間、比得上那漫長緩慢的演化過程的嗎？呃，我說得太快了。起先，那裡有個地球，上面沒有生物。幾十億年過去，這個球就這麼轉動著，日出、日落、海浪聲，以及一些吵雜聲音，沒有半個活的東西來欣賞這一切。你們有沒有辦法想像、能不能了解，或是把這情景嵌進你的思維當中：沒有任何生物的世界具備了什麼意義？我們是那麼的習慣從生物觀點來看這世界，大家已經無法明白「沒有生命」是什麼意思了。可是其實，絕大部分的時候地球上是沒有任何生物的。今天，宇宙中絕大部分的星球上，大概也是什麼生物都沒有。

又或者想一想生命本身。生命的內部結構、各部件之間的化學運作，是十分美麗的。最後發現，原來所有生命都跟其他生命息息相關，一環扣一環的。

葉綠素裡頭有個小小的化學結構，在植物的氧氣處理過程中扮演十分重要的角色。這個化學部件十分漂亮，形狀是有點方形的環，叫做「苯環」。跟植物八竿子也扯不上關係的，就是像我們這些動物；而在我們儲存氧氣的系統裡，換句話說，在血液的紅血球內，竟然出現同樣有趣及奇特的環結構。只不過在植物的環裡，中央是一個鎂原子，但在紅血球的環裡，中央換成鐵原子，也因此我們的血液是紅色而不是綠色，但兩種環的化學結構完全一模一樣。

此外，細菌的蛋白質和人類身體裡的蛋白質也是同一樣東西。事實上，最近才發現，細菌體內負責製造蛋白質的機制能夠接受紅血球發出的命令，製造出血紅蛋白。生命和生命之間就是如此的相貼近！生物界深層化學裡的這種共通性質，真的十分奇妙和美麗，而一直以來人類都太驕傲了，總是不願意承認我們和其他動物的親戚關係。

還有原子。排列得好長好長的晶體，裡頭一顆顆小球般的原子不斷重複同樣的模式——真是美呆了。有些看起來很安靜不動的東西，例如一杯水，上面蓋了個杯蓋的，放在那裡很多天，其實卻是活動頻繁；很多原子脫離開水面，在杯子裡彈來撞去，又回到水裡。在我們粗糙肉眼中十分死寂不動的，卻原來是一場狂野、動感十足的舞蹈！

我們也發現，這整個世界都是由同樣的原子組合而成的，天上的星球和我們身體用的材料都一樣。因此，接下來的問題是，用來造成我們身體的材料到底從哪裡來？不單只是「生命從哪裡來」或者是「地球從哪裡來」，而是問「用來造成生命和地球的材料從哪裡來？」看起來，這些「東西」乃是由於某些恆星的爆炸而噴發出來的。這東西像塊泥土般被丟出來後就等在那裡，逐漸演化和改變，等了四十五億年之後，於是現在就有一隻怪物站在這裡，拿著一些工具對著一大群叫作「聽眾」的怪物講話。這真是個多麼奇妙的世界呀！

「發現」的價值

再看看人類的生理結構。其實我說什麼都一樣。如果你看任何一樣東西看得夠仔細的話，就會發現再沒有什麼比事實真相更教人興奮了。而事實的發現，正是科學家努力不懈的報酬。

談到人體生理，你可以想一想血液循環，想像有個小女孩在跳繩。在小女孩的身體內發生什麼事呢？血液被驅動著，神經縱橫交錯——肌肉神經受到的影響，用難以置信的速率回饋到腦部去，說：「現在我們碰到地面了，趕快提高血壓以免腳後跟受傷。」當小女孩跳上跳下時，由另一組神經主控的肌肉則在數著：「一、二、三，噢，一、二、三……」而當她這麼跳著、數著時，也許她還衝著正在觀察她的生理學教授微笑呢！那也是生理的一部分！

再來是電。正電和負電的吸引力是那麼的強，而任何正常物質裡的所有正電和負電，卻剛好平衡抵消掉，每樣東西都跟別的東西處得好端端地。有很長一段時甚至沒有人注意到電這個現象，除了偶然有人磨擦了一塊琥珀之後，發現它能把小紙片吸起來。然而今天我們發現——把這些東西弄來弄去之後發現，裡頭有很多令人驚訝的機制。又可是，大家對科學依然不大了了。

舉個例子。我讀了法拉第（注一）寫的《蠟燭的化學史》，這是六篇寫給兒童看的聖誕演講紀錄。法拉第演講的重點，是無論你從什麼東西開始著手，只要你看得夠仔細，最後你都在觀察整個宇宙。因此，透過觀察蠟燭的每種特徵，像燃燒、蠟燭的化學等等，都能得到這個結論。但那本書的導讀在介紹法拉第的生平，以及一些發現時卻說，法拉第發現電解過程中用掉的電量，跟被剝掉的原子數乘以電價成正比。這本書接下去還解釋說，法拉第發現的這個原理今天被用在鉛鍍、鋁的陽極塗膜著色，以及其他幾十種工業應用上。

我很不喜歡這些說法。以下是法拉第對他的發現的形容方式：「物質裡的原子乃是透過某種方式跟電力搭上關係的，電力讓它們展現出最令人驚訝的特質，其中之一是它們共同擁有的化學親和力。」法拉第發現了主宰原子如何湊在一起的「東西」，像主宰著鐵如何和氧組合在一起變成氧化鐵的，就是因為它們有些帶正電、有些帶負電，使得它們相互吸引時依著一定的比例。他還發現，電都是一單位一單位地出現，一小顆一小顆的。其實兩個發現都很重要，但第二個發現最為教人興奮，是科學史上最戲劇化的時刻，是那種很罕有的時刻：兩個大學門合而為一，統一成為一個理論了。法拉第突然發現，原先兩個看起來完全不同的東西，其實是同一樣東西的兩面。有人研究電學，也有人研究化學，忽然之間，原來這兩門學問是一體的兩面——化學變化出現了電力結果。今天，大學裡還是如此這般地看這個現象。因此，單單說那些原理被應用在鉛鍍上是不可原諒的。

報紙呢，就正如你們知道的，每當有生理學上的新發現時，總是用標準的老套說法：「發現者說，這項發現可能對治療癌症有幫助。」但他們無法說明發現本身到底有什麼價值。

對人類的思維能力而言，「企圖弄明白大自然的運作方式」是一場極為嚴酷的考驗，牽涉了很多深奧微妙的訣竅。你必須走過由邏輯絞成的一條美麗鋼索，才不致在預測接下來會發生什麼事時犯下錯誤。量子力學和相對論中的許多觀念都是好例子。

「觀測」是終極大法官

我要談的第三個科學層面，是追根究柢的方法。這個方法的基礎，是認定觀測（observation）是「檢驗某些事物是否為真」的大法官。當我們明白，觀測才是「判斷某個想法是否包含真理」的終極大法官時，科學的其他面相或特色就都變得明顯易懂了。不過，科學上的所謂「證明」（prove）在這裡的意思其實是檢驗（test），對大眾而言，這整個想法應該翻譯為「任何法則都必須接受異常情況的考驗」；或者用另一種說法，「『例外』證明了某個法則的錯誤。」這就是科學的原理。任何法則如果出現例外情況，而如果這例外情況經過觀測之後證實不虛，那麼原先設定的法則就錯了。

這些例外本身都是十分有趣的，因為它們顯示了舊法則的謬誤。而因此，找出正確的法則（如果有的話），就是最教人興奮的事，大家會深入研究這些例外個案，以及其他出現差不多結果的情況。科學家總是在嘗試找出更多的例外，判定這些例外情況的特性。這種過程愈發展下去愈教人興奮。科學家不會企圖掩飾法則出了錯這件事；剛好相反，這是一種進展和刺激十分的事。事實上，他還想儘快地證明他原先的想法有錯誤不周之處。

「觀測是最後的裁判」這個原理，嚴格限制了我們可以問的問題種類。我們能夠問的問題只限於像「如果我這樣這樣做，會發生什麼事？」這些問題都是可以做做看，看看結果到底如何的。像「我應不應該這樣做？」以及「這有什麼價值？」等類似的問題，完全是另一種形態的問題

但是，假如有些不怎麼科學的東西，儘管我們無法透過觀測來檢驗，卻並不表示這個東西一定行不通、錯誤或者是笨得要命。我們並不是說，科學就一定是好的而其他東西就都不好。科學只考慮那些可以靠法則進行分析的東西，因此所有現在稱作科學的東西全都被發現了；但還有很多遺漏掉的東西，是科學方法無能為力的。這不等於說那些東西不重要，其實從很多角度看來它們才是最重要的。但在決定任何行動之前，當你必須決定下一步該做什麼時，永遠

牽涉了「應不應該這樣做？」這種考量，你不能單從「如果我做這些這些會發生什麼事？」的角度來找出解決方案。你說，「當然可以，你可以先看看會發生什麼事，然後再決定想不想這些事情發生。」但最後那一步——決定你想不想這些事情發生，正好就是科學家幫不上忙的一步。你可以弄清楚將會發生什麼事，但你必須決定是否喜歡那樣的發展方式。

「徹底」不等於「科學化」

從「以觀測為裁判」這個科學原理，還衍生出好幾個技術性的後續結論。例如，觀測不能做得太粗糙。你必須極為小心，也許儀器裡頭有一塊髒東西，使得被觀測的東西顏色變了，而跟你原先設想的不一樣。你必須仔細檢查觀測結果，檢查再檢查，確定你很清楚所有的實驗條件，確定你沒有錯誤地詮釋你所做的一切。

有趣的是，很多時候這種「徹底」的做法、這種好習慣，會被誤解或歪曲掉。當有人說某件事的做法很科學化時，許多時候他的意思只不過是這件事做得很徹底。我聽過有人說德國很「科學化」地屠殺猶太人，但其實這件事一點都不科學，而只不過是夠徹底。在整個屠殺事件中，完全沒有任何為了判定什麼而進行觀測、檢查所用的觀測方法等類似問題。如果依照這種定義，早在古羅馬時期或其他時期，當科學還沒有像今天的進展，大家還不怎麼注重觀測的時期，早就出現過「科學化」的屠殺事件了。但在這些情況中，大家應該稱之為「徹底」或「徹底進行」，而不是「科學化」

玩這種觀測遊戲時，有幾個特別的技巧，所謂「科學的哲學」談論的其實大部分都是這些技巧。如何詮釋觀測結果就是其中之一。有個很有名的笑話說，一名農夫跟他的朋友抱怨他農場上發生了神祕事件：他養的一群白馬吃的食糧分量比另一群黑馬多。他為此擔心得要命，不明白為什麼會這樣，直到他朋友提出：也許他養了比較多的白馬！

這聽起來很荒謬，但想一想有多少次當你在做各種判斷時，也犯了差不多的錯誤。你說：「我妹妹著了涼，兩星期之後……」如果你仔細想想，這也是那種白馬數量比較多的情況。科學思考要求的，是某個程度的修練，而我們應該教導和傳播的，正是這種修練，因為就算在最等而下之的層次，類似的錯誤都是不必要的。科學的另一個重要特色，是它的客觀性。分析觀測結果時必須客觀，因為做為實驗觀測者的你，有可能比較喜歡某個特別的結果。於是你重複這個實驗好幾次，但由於各種狀況，例如有髒東西掉進儀器裡之類的，使得數據變來變去，一切都不全在你掌握之中。但你希望會出現某種結果，因此每當出現你喜歡的數據時，你就說：「看，結果就是這樣。」再重複做一次實驗，結果完全不一樣，而其實也許在前一次實驗中有髒東西在儀器裡，但你視而不見。

這些說來好像很顯而易見，但大眾在衡量科學問題、甚至只是跟科學沾上邊的問題時，往往沒好好注意這些事情。例如，當你分析「股票漲跌」跟「總統說過什麼或沒說什麼」有沒有關係時，可能心中早有某些定見。

理論愈明確，愈有趣

另一個極端重要的技術重點，是提出來的理論愈明確，通常也愈有趣，換句話說，如果這個法則愈是論述明確，測試它的真偽時就愈有趣。如果有人提出說，行星之所以會繞著太陽運行，乃是因為行星的物質有一種喜歡動來動去的傾向，讓我們稱之為「噢姆乎」，這個理論同時可以解釋好幾種其他現象呢。那麼，這是個好理論囉，不是嗎？不，它萬萬比不上「行星乃是在向心力的影響之下繞著太陽運行，向心力的大小與行星中心點及太陽中心點之間距離的平方成反比」這個理論。

後面這個理論比較好，因為它說的是這麼的明確；一切都很明顯地不可能是運氣造成的結果，行星的運行若有一點點差異，就足以證明理論不正確。另一方面，根據第一個理論，就算觀測結果發現行星四處亂動，你也可以說：「呃，這都是『噢姆乎』的奇怪作用。」

因此，提出來的理論愈是明確，它的威力就愈強大，更容易受到例外的挑戰，也因此更有趣、更值得花工夫去檢驗。

許多時候，「字」是沒有多大意義的。一堆字湊在一起，提出一個假說，然而這些字的用法讓你無法獲得任何明確的結論，就像我的「噢姆乎」例子。那麼這個理論就差不多毫無意義了，因為憑著「所有東西都喜歡動來動去」這樣的說法，你幾乎可以解釋世間一切事物了。哲學家在這方面談了很多，他們說所有字都必須極端精確地定義。其實我不太同意這種論調，我覺得「極端精確地定義」很多時候都不大需要、不大值得花力氣去做，有些時候也不大可能做得到——事實上，大部分時間都是不可能做到的，但今天我不要陷進這些辯論裡。

哲學家談到科學時，其實大部分談的是如何確保科學方法行得通的各個技術層面。這些技術重點在其他不以觀測為最後裁判的領域中還有沒有用，我就不知道了。我不會說所有事情都要用這個「從觀測找例外」的方法。在不同的領域，也許我們不用太在意字的意思或者法則必須明確……等等。我不曉得。

新概念從哪裡來？

談了這麼多，有一些很重要的東西還沒談到。我說過，觀測是檢驗一個想法的大法官。但想法從哪裡來呢？科學的快速發展，迫使我們拚命發明一些方法來進行測試。但在中古時期，大家以為只要進行許許多多的觀測，定律就自然而然地從觀測結果裡冒出來。但實際上定律並不是就這樣出現的，其中需要更多的想像力。因此接下來我們要談的是新概念從哪裡來。

其實新概念從哪裡來無關重要，只要有新概念就好了。我們知道如何檢定某個想法是對是錯，而這些檢定方法跟想法來自何方完全無關：我們只需把這個想法跟觀測結果互相對照便可，因此在科學世界裡我們並不關心到底新想法從何而來。

在科學世界中也沒有權威這回事，一個想法是好是壞，不是由權威人士來決定，我們再不需要找權威人士來幫忙判斷某個概念的真偽。當然，我們可以告訴權威人士一些事情，讓他提出建議；之後進行測試，看看這概念是否為真。假如它不是，那麼也沒什麼——只不過權威人士再沒以前那麼權威而已。

科學家之間的關係起先是爭鬧不休，比一般人之間的關係要嚴重得多，例如在物理學剛開始萌芽時。但在今天的物理學界，人際關係十分和諧，科學的爭論很可能滲雜了許多笑聲，爭論的雙方同樣不那麼確定己見，他們往往各自構思實驗，甚至下賭注賭結果。在物理學這一行，過去累積下來的觀測數據是那麼的多，你差不多不可能想得出跟以前想法完全不同的新概念，但同時又與所有已知的觀測結果吻合無衝突。因此，如果你能從任何人、地方得到任何新東西，歡迎都來不及了，根本不會爭論為什麼誰誰誰會說「如此這般才對」。

然而，很多科學領域並沒有發展到這樣，而還像早期物理學界的情形，由於數據不多而出現許多爭辯。我之所以提起這件事，是因為有趣之處在於，如果出現一套獨立公正的檢核誰是誰非的方法，連人際關係都能夠減少齟齬。

法則真是奇蹟

大部分的人發現「科學界並不關心到底是誰首創某個概念，或者是不關心觀念創作者的原始動機」時，都會十分驚訝。科學家會做的是聆聽，如果對方說的聽起來很值得嘗試，他的想法很是與別不同，粗看之下沒有和以前累積下來的觀測結果矛盾，那麼就很讓人興奮，值得一試。你不會擔心他到底研究了多久或者是為什麼他要你聽他說。就這方面而言，新想法從何而來根本無關重要。新想法的來源是「不知道」，我們稱之為人腦的想像，深具創造力的想像——是那些「噢姆乎」的一種。

教人驚訝的是，一般人不相信想像力是科學的一部分。當然，科學家的想像力和藝術家的想像力是不一樣的。最困難的，是要想像一些你從未看過的事物，這些事物必須跟已經看到過的東西完全吻合不悖，同時又要和已被想出來的完全不同；此外，它更必須是一些明確、不模糊的設想。那真是困難呀。

順帶一提，單單是有法則可讓我們驗證，就已經是奇蹟了。能夠找到像重力的平方反比律，還真的是個奇蹟。我們並沒有真的了解這個定律的種種，但它把我們帶到「預測」的可能性。換句話說，還沒著手做實驗，它就告訴你在這個實驗你可以預期會發生些什麼。

很有趣而且絕對重要的是，科學的各個法則必須並行不悖，相互沒有矛盾。由於觀測結果同樣是那一些，因此不能說一個法則這樣預測，另一個法則卻有不同預測。所以，科學並不是專家玩意，而完全是全宇宙通行的。我在生理學談到原子，在天文學、電學和化學也談到原子，它們是共通的，必須相互不矛盾。你不能隨意從一些不以原子造成的東西開始。

更加有趣的是，經過推理之後，我們猜測出法則；而這些法則呢，會慢慢愈來愈簡化——至少在物理學界是如此。之前我提到過化學法則和電學法則的合而為一，這是很漂亮的例子，事實上還有很多其他的例子。

似乎，描述大自然的各個法則都帶有數學味道。但這並不是「以觀測為裁判」的結果，數學也不是所有科學必須具備的特性，只不過，碰巧我們的法則可以用數學的形式來寫出，至少在物理學是如此，而且更據此可作出威力強大的預測。至於為什麼大自然是數學的，則是一個謎。

不據理猜測，才是不科學

現在我要談一件很重要的事情：舊有的定律可能是錯誤的。觀測結果怎麼會是錯的呢？如果一切都經過仔細核證，怎麼還會錯？為什麼物理學家永遠都在修改定律？答案是，首先，定律並不等於觀測結果，以及第二，實驗永遠都不準確。所有的定律都是猜想出來的定律，而不是觀測結果告訴你一定會怎麼樣怎麼樣。它們只不過是一些優秀的猜想、一些觀察的外推，是到目前為止還能通過驗測的篩子而已。往後出現新的篩子時，上面的洞比以前更小，這回定律就被卡住再也通不過去了。因此定律只不過是一些猜測，是從已知外推到未知。你根本不曉得會發生什麼事，所以你放膽一猜。

例如，大家曾經相信、曾經發現一件物體在運動時，它的重量不會受到影響。如果你轉動一個陀螺，稱它的重量，等它停下來再稱一次，重量是一樣的。這是個觀測結果。但是，事實上當你稱它的重量時，你沒辦法量到無限個小數點，甚至到幾十億分之一的單位的。但現在我們知道，旋轉中的陀螺比靜止中的陀螺要重，大約增加幾十億分之一。如果陀螺轉得夠快，快到接近光速的每秒鐘約十八萬六千英里，增加的重量就十分明顯——但到這時候才明顯。在早期的實驗中，陀螺的旋轉速率遠低於光速，看起來轉動中陀螺的質量和沒在轉動的陀螺質量完全相同，有人因此推測，質量是永遠不會改變的。

多笨呀！真是笨蛋！這只不過是個憑臆測而得到的定律，是一種外推。那個人為什麼會做出這樣不科學的事情？但事實上這件事沒有什麼不科學；這只不過是不確定。如果當時的人不作出猜測，那才真的不夠科學。因為，這種向未知外推才是一有點真正價值的事情。只有在面對仍未做過、驗過的情況，你還在猜想「應該會這樣發生」的時候，才有一探究竟的價值。如果你只能告訴我昨天發生什麼事，這樣的知識是沒有什麼真正價值可言的。知識必須能夠告訴我，如果我這樣做明天會發生什麼事才行——不一定需要真的做這些事，但那很好玩。不過你也必須願意承擔錯誤的風險。

任何一個科學定律、科學原理或實驗觀測報告，都只是某種形式的簡本，細節都不在其中，因為你永遠無法絕對精確地描述任何事物。構思者就是會忘記——寫定律時他應該說「速率不太高時，質量沒改變多少」。這個遊戲就是要提出很明確的法則，看看它能否通過篩子的考驗。當時提出的明確臆測，是質量永遠不會改變。這是個教人興奮的可能性呀！而假如往後發現事實並非如此，也不會構成什麼大災難。一切只不過是不確定，而不確定並不妨害到什麼。處於不確定狀態中但提出一些看法，總比什麼都不說好。

我們活著，而且無知

我們在進行科學研究時所說的一切、所有的結論式描述，全都帶有許多的不確定，這是必然會發生的，只因為它們全是結論。它們是對未來會發生什麼事作出的猜測，而你無從知道將會發生什麼事，因為你沒做過最完備、無所不包的實驗。

也許，陀螺由於轉動而出現的質量改變效應是那麼的微細，你可能會說：「噢，這沒什麼差別嘛。」但為了要找到正確的定律，或至少找到能夠通過一個又一個的篩子，通過更多觀測結果的考驗，就需要極為不凡的智慧和想像力，以及全盤顛覆原先的哲學，顛覆我們對空間和時間的認知。我指的是相對論。往往發生的是，那些微細的效應現身之後，許多概念便需要進行最具革命性的修改。

因此，科學家早已習慣面對「存疑」和「不確定性」。所有的科學知識都是不確定的。這種與疑惑和不確定性打交道的經驗十分重要，我相信其中潛藏著巨大的價值，而且這種經驗超越科學，往外延伸。我相信，要解開任何從未被解開過的難題，你必須讓通向未知的門半開半掩地，容許「你可能沒全弄對」的可能性。否則，假如你早已抱有定見，也許就找不到真正的答案。

當科學家告訴你，他不知道答案是什麼時，他是個無知的人。當他告訴你他有一點點預感，覺得事情應該是如何如何，那他是對事情不確定。當他蠻確定答案應該是什麼而告訴你：「事情將會這樣這樣發展，我敢打賭。」那他還是抱著一點疑惑。而最最重要的是，要進步的話，我們必須認清楚這種無知，以及這種疑惑。因為我們還存著一點懷疑，才會建議往新的方向尋找新觀念。

科學的發展速率，並不是看實驗做得有多快而已，更重要的，是你創造出新東西的速率。

要是我們無法或不想往新方向看，如果我們沒有一絲的困惑或體認到自己的無知，我們就無法得到任何新觀念。那樣的話，也再沒有什麼值得花工夫做查證的了，因為我們應該知道什麼才是正確。所以，今天我們稱之為科學知識的東西，其實是一堆不確定的論述，只不過不確定的程度不一而已：有些是最不確定的，有些差不多確定，但沒一樣是絕對確定的。科學家已經很習慣這種狀況。我們都知道，活著而同時無知，是可能的，兩者並無矛盾。有些人說：「你怎麼能夠活著而無知？」我不知道他們是什麼意思。我從來都活著，也從來都很無知。那容易得很。我想知道的是你如何能什麼都知道。

不要害怕疑惑

這一點點存疑的自由，是科學的重要部分。而我相信，在其他領域中也一樣它是從一場掙扎、一場鬥爭中誕生。這是為了爭取被准許存疑、被容許對事情不確定而發生的鬥爭，我不想大家忘記這些掙扎的重要，不先嘗試一下力挽狂瀾，而自動棄權。

做為一個知道「無知哲學」的偉大價值、更知道這套哲學可以帶來巨大進步的科學家，我覺得我肩負著一種責任。這些進步乃是思想自由的果實。我覺得我有責任大聲疾呼，宣揚這種自由，教導大家不要害怕疑惑，而是要歡迎它，因為它是人類新潛能的可能來源。如果你知道你不很確定，你就有改進現狀的機會。我要替未來的世代爭取這自由。

存疑很明顯是科學的一項價值。在另一個領域中是否如此則是個可供辯論的問題，是些不確定的事情。在下兩場演講我預備討論的正是這個論點，我會嘗試證明，存疑是很重要的，而疑惑並不是什麼可怕的東西，相反地，是具有極大的價值的！

【譯注】

注一：法拉第（Michael Faraday, 1791-1867），英國物理學家兼化學家，任職於倫敦的皇家研究所（Royal Institution），工作之一是每週設計一個實驗，向那些對科學有興趣的會員示範。由於需要不斷創新點子，使得法拉第成為史上最偉大的實驗物理學家之一。一八三一年，法拉第成功證明了電與磁只是一體的兩面，兩者合稱為「電磁」。

第二講
價值的不確定性

THE MEANING OF IT ALL

我覺得，西方文明乃是立足在兩大傳統之上。
其中之一是科學的冒險精神——闖蕩到未知世界裡；
重點是：你必須承認及了解
這未知世界的未知本質才能進行探險，
它要求的是宇宙所有無法解答的謎題繼續維持無法解答，
保持一種「一切皆不確定」的態度。
用一句話作總結：知識份子的謙卑。
另一項偉大傳統就是基督的道德精神——
以愛做為行事處世的基礎、四海之內皆兄弟的精神、
個人的價值、靈魂的謙卑等。

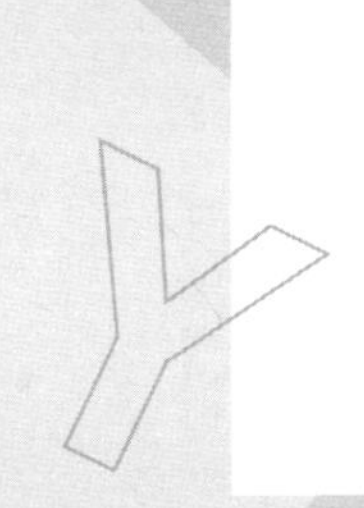

我們都覺得很悲哀——當我們想到人類似乎擁有各種奇妙潛能，但我們的成就卻相對地只有那麼一丁點。會有一些人不斷地覺得，我們應該能做得更好才對。過去，活在惡夢中的人，都在夢想著、寄望著未來。我們就是他們的未來。而雖然我們已超越了他們的許多夢想，但在很大的程度上，我們還在做著同樣的夢。今天，我們對未來抱著的希望，跟過去的人對未來所懷抱的希望差不了多少。

曾經一度，大家猜想人類潛能之所以沒盡情發揮出來，乃是因為每個人都很無知，而這個問題的解答是教育，假如我們都充分受教育之後，也許一個個都變成伏爾泰（注一）了。但事情的發展是，「虛假」以及「邪惡」跟「善」同樣是可以教導和傳授下去的。教育是一種強大的力量，但它可載舟也可能覆舟。

我也聽人說過，國與國之間的溝通應該能夠達到相互的了解，因此溝通就是「建立人類潛能」這個問題的答案了。然而，溝通的工具及管道是可能經過篩選，以及受到扼殺的。被傳播的東西可以是真理，也可以是謊言；可以是寶貴的資訊，也可以是政治宣傳。傳播是一種強而有力的力量，但它可以為善，也可以為惡。

有好一陣子，應用科學被認為是解救人類的工具之一，至少在改善物質上的困難時可達到此目的，而實際上也的確有一些不錯的紀錄，特別在醫療發展上。另一方面，有些科學家目前正躲在祕密實驗室裡，小心地製造可怕的病毒！

大家都不喜歡戰爭。今天，我們的夢想是：和平將會是這問題的解決方法。去掉軍事花費之後，我們就有很多錢來做大家想做的事了。但和平也是一個可以為善，可以為惡的強大力量。它怎麼樣可以為惡呢？我不曉得。到那麼一天和平真的來臨時，我們就可看看情形如何了。很顯然的是，和平是一種強大的力量，正如同物質力量、傳播、教育、誠實待人，以及諸多夢想家的理想，全都是力量強大的。

跟古時候比較，眼下我們有更多類似的強大力量需要好好監控。也許我們比以前大多數的人處理得稍微成功一點，但我們「應該能夠做到」的，似乎要比目前雜亂無章的成就偉大許多才對。為什麼會這樣？為什麼我們無法征服自我？因為我們發現，就算更大的力量或更大的能耐，似乎都沒附贈任何「應該如何使用它們」的說明書。舉個例子，累積下來大批關於物理世界如何運作的知識，只會讓某些人相信，這一切有一種虛無、無意義的意味在內。

科學，並不會直接教導善或惡。

在歷史上的各個年代，人們不停地試圖探究出生命的意義。他們省悟到，如果能替這一切，替我們的行為找出一些方向、一些意義，那麼人類的強大力量就能破繭而出。因此，許許多多的答案都被提出來過，以回答「所有這一切的意義」這個問題。但答案的種類不一，個個不同，某一種想法的推動者看著相信另一種想法的信徒的行徑，滿懷恐懼。之所以恐懼，是因為從他的觀點看來，人類的偉大潛能都被導引到一些他絕不認同、錯誤的、且狹窄的死巷之內。實際上，哲學家正是從歷史上因錯誤信仰而產生的窮凶惡極之中，領悟出人類具備了驚人的潛力，以及奇妙的能耐。

我們其實還是很無知

我們的夢想，是要找到一條公開、開放的管道。那麼，所有這一切到底有什麼意義？在今天我們能說些什麼以便驅除「存在」的神祕？假如我們考量所有一切已知的知識，包括古時候人們所知道的，以及所有他們不知道而我們目前已經發現的知識，那麼我想我們必須坦白承認，我們其實不知道能說些什麼。但我想在坦承這一點之後，很可能就會找到那條開放的管道。

當我們在路途上邁進，試著釐清我們要的是什麼時，如果能承認自我的無知，並且持續保持這種「我們不一定知道應走的方向」的態度，就能保留各種做出改變、新貢獻和新發現的可能性；雖然大家連到底想要的是什麼都還茫無頭緒。

回頭看看歷史上最黑暗的各個時刻，似乎當時總有一群懷著絕對的虔誠、十分武斷地相信某些東西的人。對於這些信仰，他們是那麼的嚴肅認真，以致堅持世界上其餘的人都要附和他們。為了堅持所說的全都是真理，他們甚至會做出一些違反自己信仰的事情來！

在上一場演講中我說過，而現在我要重申：唯有容許無知，以及容許不確定性，我們才能有希望，人類才能繼續往某個方向前進，而不致像歷史上多次發生過的那樣，被限制、局限住或永遠阻塞住。我也說我們不知道生命的意義是什麼、不知道什麼才是正確的道德價值，以及我們無從選擇等等。如果真要討論道德價值或生命的意義，我們必定會跑到道德及意義等議題的源頭，換句話說，跑到宗教的範圍裡來。

因此，我覺得除非我坦率地、全面地討論科學和宗教之間的關係，我是沒辦法做三場關於科學觀念如何衝擊其他觀念的演講的。我不曉得為什麼我還需要為了討論這部分而解釋，因此接下來我不會再多作辯護了。但總之，我想討論一下科學和宗教的衝突對立——如果有的話。

大部分科學家都不信神

我已經談論過我心目中的「科學」是什麼，現在我要告訴你，當我說「宗教」時意何所指。這是十分困難的，因為不同的人指的都是不同的意思。在這裡我指的只是那種日常常見、一般的、每星期上教堂的那種宗教；不是指優雅的神學理論，而是一般大眾按著傳統虔信宗教信仰的方式。

按照這個宗教定義，我倒是真的相信科學和宗教之間存在著衝突。為了使這部分討論更順利容易，接下來我要提出一個三不五時都會碰到的問題，這樣整個討論會比較落實，而不致變成艱深的神學研究。

比方說，一位年輕人跑去念大學，他家裡宗教氣息濃重，而他念的是科學。由於念科學的結果，很自然地，他開始學會了懷疑，這是他做學問時必須具備的。因此這名年輕人開始懷疑，接著也許開始不相信他父親所信奉的神。我所謂的「神」，是指各人各自信奉的神，大致上跟創世有點關係，而人們也許是為了某些道德觀而向祂祈禱。這種情況經常發生，並不是什麼罕見事件或想像出來的例子。事實上，雖然我手頭上沒有直接的統計數字，但我相信半數以上的科學家都不相信他們上一代所信奉的神，甚至不相信廣義的神。大部分科學家都不信奉神。為什麼？發生了什麼事？我想，透過回答這個問題，就能夠清楚點出科學和宗教之間的關係。

那麼，為什麼呢？一共有三種可能。首先，這位年輕人受教於科學家，而我已經指出，科學家都是無神論者，因此他們的邪惡就散播到學生身上，不斷地……謝謝你們的笑聲。如果你接受這第一種情況，那我想，這顯示的是，你了解科學的程度要低於我對宗教的了解。

第二種可能狀況，是「一點點的知識」是十分危險的。那位年輕人學了一點點科學，卻以為全都懂了。或者有人覺得，等他比較成熟時，就會對這一切更加了解。但我不覺得事情會這樣發展。我想，現在就有許多心智成熟的科學家，或者是覺得自己很成熟的人（如果你事前不曉得他們的宗教信仰是什麼時，會覺得他們很成熟的人），都是不信奉神的。事實上，我覺得答案剛好相反，原因並不是他什麼都弄懂，而是突然省悟到其實他什麼都不懂。

第三個可能解釋這個現象的說法是，也許這位年輕人對科學的理解並不正確，事實上科學並不能否定神的存在，而相信科學又同時相信神並不會構成衝突。

我同意科學無法否定神的存在，這點我絕對同意。我也同意，相信科學與同時相信神並沒有衝突。我認識很多相信神的科學家。我的目的並不是要否定什麼。此外，很多科學家相信神的方式也許都是很傳統的，我不很確切知道他們信奉神的方式，但總之他們對神的信仰和他們在科學上的行為完全是並行不悖的。但真的要並行不悖，是十分困難的。現在，我想討論的是，為什麼要達成並行不悖是那麼的困難，甚至到底這樣做值不值得。

再也不能絕對確定任何事了

我想，這位年輕人在研究科學時碰到的困難有兩個來源。第一個是因為他學會了抱著懷疑，學會了需要去懷疑，學會了懷疑是很寶貴的。於是，他開始懷疑一切事物。之前，問題可能是「究竟上帝存在抑或不存在」，但現在問題變為「我有多確定上帝真的存在？」現在他面對的是一個新的、奧妙的問題，跟以前的完全不一樣。他必須決定自己有多確定：從絕對確定的一端到另一端的絕對不確定之間，他的信仰到底可以放在哪裡？因為現在他知道，他必須把自己的知識放置在一個不確定的狀況裡，而他再也不能絕對確定任何事了。

他必須做個決定，究竟是五十／五十呢？還是百分之九十七？這聽起來只是個小小的差別，然而卻極端重要，是一個很奧妙的差別。當然，年輕人通常不會一開始就直接懷疑神的存在，他通常從一些信仰上的小小細節開始懷疑，例如生死輪迴、或者是耶穌生平的某些細節或什麼的。但為了讓這個問題儘量尖銳化，讓我們坦率面對它。我把很多事情簡化，直接跑到上帝究竟存在還是不存在的問題上。

類似的自我反省或思考或不管叫它什麼的，經常導致的結果是得到很接近「確定神是存在」的結論。但另一方面，經常也會導致「差不多確定相信有神是一件錯誤的事」的結論。

這位年輕人念科學還會碰到的第二種困難，是科學和宗教間的衝突，也是任何接受兩種不同教育觀念的人都會碰到的衝突。雖然，我們也可以從神學觀念、用高層次的哲學方式來進行辯論，說其實沒有什麼衝突，但這位來自虔誠家庭的年輕人畢竟還是會跟自己或朋友辯論起來，那也是一種衝突。

那麼，衝突的第二個來源，是由於他學到的科學知識；或者讓我更小心地說，是由於他學到還不完整的科學知識。舉個例子，他學到關於宇宙有多大的知識。宇宙之大令人印象深刻，我們活在一小顆粒子上，繞著太陽飛，太陽也只不過是銀河系裡數億個太陽之一，銀河系更只是宇宙中數十億個星系之一。他又學到了人類與其他動物間的親密生物關係，學到了一種生命與另一種生命的關連，人類是一長串演化戲劇中晚近才上臺的角色。這一切都只是祂創世用的鷹架嗎？但除此以外，年輕人學到的還有原子：似乎所有東西都是按照不變的定律，用原子造出來的，沒有一樣東西能逃出這些定律。星球全用原子造成，動物也用同一材料造成，只不過結構比較複雜，而且神祕地看起來是「活的」。

沉思冥想這宇宙間的一切，真是一場偉大的冒險，凌駕了人類的想像，想像如果沒有人類的話情況會變成什麼模樣，就像宇宙誕生後絕大部分時候、絕大部分地方都沒有人類的情形般。終於，年輕人體會到這種客觀的宇宙觀、充分領略和明白到物質的神祕和浩瀚之後，再把客觀的眼睛轉回來看看芸芸眾生，看到人類也只不過是物質，而生命是宇宙中深奧大祕密的一部分，這等於體驗到一場絕無僅有、刺激萬狀的經驗。通常，類似的冥想最後會讓人喜悅地笑起來——笑這想要了解宇宙中這顆小粒子的努力，簡直是白忙一場而已；笑這「東西」、這充滿好奇心的一堆原子，竟會看著自己，好奇這「東西」為什麼會好奇。這些科學觀點的終點，是驚歎和神祕，是迷失於不確定性的邊緣中；但它們看起來是那麼的深奧及令人驚訝，使得「這一切都只是上帝設計出來的舞臺，目的在觀察人類如何掙扎於善惡之間」的理論，顯得不夠完備充分。

道德價值觀也不能確定嗎？

有些人會告訴我說，剛才我描述的正是一種宗教經驗。好吧，你愛怎麼稱呼它都可以。那麼用這種說法，我還是會說，那位年輕人的宗教經驗，是那種讓他發現他所信奉的教會並不完備、無法充分描述及涵蓋這種宗教經驗的經驗。教會的上帝不夠大。

也許吧。每個人都有不同的看法。

可是，假定我們的大學生得到的結論真的是上帝聽不到他的禱告；我不是想證明上帝不存在，我只不過是想試著讓你明白，接受兩種不同教育觀點的人所碰到的困難的來源。就我所知，要證明上帝不存在根本是不可能的，但同時接受兩種來自不同方向的觀點，確實是很困難的。因此讓我們假定這個學生特別碰到困難，他的結論是上帝聽不進他的禱告。那麼會發生什麼事呢？

那麼那部懷疑機器、他的疑惑，全轉到道德問題上。因為，當他受教育時，他的宗教觀點是，上帝說的話就是道德價值標準。如果現在說也許上帝不存在，那麼也許那些道德價值觀全都錯了。有趣的是，這些道德價值觀仍然大致很完整地流傳下來，也許在某段時間內其中一些觀念或道德標準好像不怎麼對勁，年輕人需要再三推敲，然而絕大部分的時候也都會迷途知返，最後回歸到這些道德觀上。

但是，我那些無神論科學家同行（從他們的行為舉止我是看不出來的；當然也因為我和他們站在同一陣線，而他們跟虔誠份子格外不同），他們的道德感、對人的了解或關懷等等，好像同時可用在信奉神的人和不信奉神的人身上。我覺得，道德價值和宇宙如何運行的理論之間好像是互相獨立的，但並不是所有的科學家都這樣認為。

宗教容不下「不確定」

的確，科學對宗教裡的許多觀念帶來不少衝擊，但我不相信科學曾經對道德觀念帶來過多少強烈的影響或改變。宗教有很多不同的層面，回應著各種問題。在這裡，我想強調的是其中三個層面。

第一個層面，是宗教告訴我們世間萬物到底是什麼、來自何方，人類是什麼、上帝是什麼以及上帝有什麼特性等等。為了方便討論，我想稱這部分為宗教的形而上層面。

接下來，宗教談到應該如何處世。我並不是指在宗教儀式典禮中舉止應該如何之類，而是指一般生活中的自處，是在道德方面而言。這我們可稱之為宗教的道德層面。

最後，人都很軟弱、容易犯錯。除了充分的良知，還要加上其他因素才能得到正確的行為。也許你覺得已經知道應該怎麼做；但大家也知道，實際的行為跟希望能做到的行為是有差距的。宗教其中的一個偉大層面，是刺激靈感、勵人向上。宗教激勵大家做好人。其實除此以外，宗教還給藝術或人類的諸多活動帶來許多靈感。

宗教這三個層面緊密地環環相扣。事情大致上是這樣的：首先，道德價值全都是上帝的話，「上帝的話」把宗教的道德層面和形而上層面連接起來。然後，這也激勵出各種靈感，因為如果你替上帝工作、臣服於上帝的旨意之下，你就跟宇宙連結在一起，你的行為在一個更大的世界裡別有意義，而這是一種激勵的層面。因此，這三個層面互相緊扣、三位一體。困難在於，偶爾科學會跟宗教的第一和第二個層面起衝突，即衝撞到宗教的道德和形而上層面。

發現地球會自轉而且繞著太陽公轉時，曾經引起一場鬥爭，因為根據當時的宗教，事情不應該是這樣的。於是引發了一場恐怖的爭論，結果宗教讓步了，從以「地球為宇宙中心」的觀點退縮回去。可是，讓步到最後，宗教原先的道德觀點也沒什麼改變。

還有，當科學家發現人類很有可能傳衍自動物時，也惹起激烈的爭論。各宗教教派再度從「這是錯誤的」的形而上觀點敗退下來，然而結果：跟道德相關的各種看法都沒出現什麼改變。好了，現在你知道地球繞著太陽轉了，那麼，難道這件發現就能告訴我們「有人打我一邊臉時，把另一邊給人家打」是好是壞嗎？跟形而上層次相關的衝突是雙倍地難以對付，因為當中的事實起了衝突。不只事實呢，連其中的基本精神都有衝突。困難不單只出在太陽是否繞著地球跑，更在於面對事實時的態度，宗教面對事實時的態度和科學面對事實時的態度是很不一樣的。

想了解大自然，必須具備不確定性，然而伴隨著深刻宗教信仰的，卻是十分確定的虔誠感覺；兩種感覺並不那麼容易搭上關係。我不相信科學家能夠擁有類似虔誠信徒那種對信仰十分確定的感覺。也許做得到，我不曉得，但我覺得那是很困難的。總之，宗教的形而上層面和道德價值似乎兩不相關，道德觀不知怎的總是在科學的範圍之外。道德價值似乎不會受到這些衝突的影響。

科學沒法替道德問題下決定

剛才我說道德價值躺在科學範圍之外，這我必須加以辯護。因為很多人的想法正好相反，他們會認為，我們應該很科學化地替道德價值找出些結論。

我有四個理由那樣說。哈，要知道如果你沒有什麼好理由，就需要有好幾個理由了。於是有四個理由讓我覺得，道德價值不在科學的範圍內。首先，過去出現過許多衝突，宗教的形而上立場都改變了，但道德觀念差不多毫髮無損，並沒受到什麼影響，這表示兩者之間應該是互相獨立的。

第二，我已經指出，至少我是這麼想的，有些不信奉耶穌基督的好人，他們的行為依據跟基督教道德精神不謀而合。順便提一下，我一直忘了說我所謂的宗教是比較狹隘的說法。我知道這裡有很多人信奉的並非西方宗教，但這個主題是這麼的廣泛，比較好的做法是挑選一個特定例子。如果你是阿拉伯人或者是佛教徒或什麼的，只好請你們把我說的轉移到你的情況作對照了。

第三個理由是，就我所知，在從事科學數據蒐集的經驗裡，從沒碰到過任何東西或哪些地方會說，聖經提到的金科玉律到底是好還是不好。根據科學研究，我沒有任何證據可以做這個決定。

最後，我想來一段小小的哲學推論——這我最不在行，但我想解釋一下，為什麼至少理論上我覺得，科學和道德問題是相互獨立的兩回事

人類共同面對的大問題永遠是「我應不應該做這做那？」這是個跟行動

有關的問題。「我應該做什麼？我應該這樣做嗎？」我們如何回答這個問題呢？我們可以把問題分成兩部分。我們說「如果我這樣做會發生什麼事」，但這還是沒告訴我究竟應不應該這樣做。第二部分是「那麼我希望這些事情發生嗎」，換句話說，第一個問題「如果我這樣做會發生什麼事」，至少是科學探究使得上力的部分。其實這還是一個典型的科學問題，它並不等於說我們因此就知道將會發生什麼事。差太遠了，我們永遠都不會知道將會發生什麼事的，科學還沒發展到那麼完備的地步。但是至少這已在科學的邊緣，至少我們有個方法來對付它。方法就是「試試看」，這我們已經談過，譬如累積資訊、數據等等。

因此，「如果我這樣做會發生什麼事」是一個典型的科學問題，但最後時刻總會問的「希不希望這些事情發生」，卻不是科學問題。於是你說，如果我這樣做所有人都會被殺個精光，而當然，我不想那樣的事發生。咦，你怎麼知道你不希望人被殺光？看到了沒？到了最後你必須要做些判斷。

也可以用不同的例子。你可以說，例如，「如果我遵從這項經濟政策，可以看到將會出現經濟大蕭條，而當然，我不希望出現大蕭條。」等一下。你看，單單知道這將會是個大蕭條，並不足以協助你決定你不想發生這樣的事情。你要判斷的是，從這些事情而來的權力感、以及國家朝這樣的方向前進等等，是否比人民受苦更為重要？又或者你也要判斷，是否只有某些人受苦，但另外一些人因此而不用受苦？所以，到了最後，到了某個點，你必須判斷和決定什麼是最寶貴的——到底人寶不寶貴、生命有沒有價值？

隨著事情的進展，你一次又一次地爭辯接下來會發生什麼事，但是到了最後，你終究必須決定「是呀，我想要那」或「不，我不要」。這節骨眼的判斷，性質是完全不同的。我看不出你怎樣單靠知道將會發生什麼事，而知道最後你想要的結果。因此我相信，想靠科學技巧來決定道德問題是不可能的，兩件事風馬牛不相及。

科學與宗教在邏輯上並不衝突

接下來，我想回到宗教的第三個層面，即激勵的層面，這把我帶到一個核心問題。我很想問你們這個問題，因為答案是什麼我完全沒半點頭緒。在任何宗教中，靈感的激勵、使人堅強的力量以及慰藉人心等等的源泉，都與形而上的層面緊密相扣。也就是說，靈感來自替上帝工作、因為聽命於祂的旨意，等等。但這樣建立起來的、用這種方式表達的情感關係，即覺得自己做對事的強烈感覺，只要出現那麼一點點對上帝是否存在的懷疑，就會立即削弱。因此一旦對上帝的信念出現不確定、出現動搖，這種獲致激勵的方法就再也不靈光了。

我不知道解決這個問題的方法，不曉得如何一方面維繫宗教的價值於不墜，讓它繼續成為大多數人力量及勇氣的泉源，另一方面卻要人們放棄對宗教形而上層面的虔敬信仰。也許你認為我們有辦法創造出一個宗教的形而上論述系統，而科學能優游其中，永遠不會碰到意見不合的狀況，但我想這是不可能發生的。我們不可能一邊選取了充滿冒險氣質、不斷擴張和闖入未知區域的科學，一邊卻對問題早早預設答案，無論做了什麼，都不預期早晚終會發現這個答案出紕漏。因此，我不認為你能夠要求別人具有那種形而上式的信仰而不發生衝突，同時我也不明白，假如我們存有懷疑的話，如何還能夠維持宗教提供激勵和靈感的功能。

我覺得，西方文明乃是立足在兩大傳統之上。其中之一是科學的冒險精神——闖蕩到未知世界裡；重點是：你必須承認及了解這未知世界的未知本質，才能進行探險，它要求的是宇宙所有無法解答的謎題繼續維持無法解答，保持一種「一切皆不確定」的態度。用一句話作總結：知識份子的謙卑。

另一項偉大傳統則是基督的道德精神——以愛做為行事處世的基礎、四海之內皆兄弟的精神、個人的價值、靈魂的謙卑等。

這兩大傳統在邏輯上是完完全全、徹徹底底沒有衝突的。但邏輯並不代表一切，任何概念必須要用心才能貫徹實踐。如果人們要回到宗教的懷抱，他們回到的是什麼？對於懷疑上帝甚或不想信上帝的人來說，現代教會是不是一個能夠給他們心靈帶來慰藉的地方？

換句話說，現在教會是不是一個對這種懷疑的價值觀提供安慰和鼓勵的地方？到目前為止，我們不是也透過這兩大傳統彼此互相攻擊對方的價值觀，而汲取到力量和慰藉，以維繫這兩個其實沒衝突的傳統於不墜？這是不是無法避免的路？

我們如何能找到啟示和激勵，來支撐西方文明的這兩大支柱，好讓它們肩併肩地站立，意氣風發而互不懼怕？答案我不知道。但總之，以上我已經就「科學和宗教的關係」這個議題，盡我所能地論述完畢了。宗教，從古到今都是道德戒條的源泉，更是激勵人心遵守這些戒條的動力來源。

民主就是肯定懷疑的價值

今天我們看到國與國間起衝突，就像古往今來那樣，特別是俄羅斯和美國之間的衝突。我要強調，我們的道德看法，還是有不確定之處的。不同的人對於什麼為對、什麼為錯，想法各有不同。要是我們對於什麼為對、什麼為錯都不確定，我們怎樣在這些衝突中作出選擇？衝突又出現在哪裡呢？當資本主義經濟體系和由政府掌控的計畫經濟體系互別苗頭時，是否已經十分明顯哪一方是正確了？哪一方正確又是那麼重要嗎？我們必須繼續保持不確定。也許我們已經頗為確定資本主義比由政府掌控好，但我們的政府也主控了一部分的事務。我們至少有百分之五十二的主控，那是大企業要付的營業所得稅呀！

有些爭論是把宗教放在一方，通常用來代表美國，而把無神論放在另一方，用來代表俄羅斯。這兩種觀點——它們只不過是兩種觀點而已，不可能讓人做出什麼決定。其中牽涉到的問題是人的價值，或者說是國家的價值觀，是如何處理反對國家的態度。

衝突是否真的存在？也許專制政權稍有改進，比較像有效率的民主政府，而缺乏效率的民主政府也稍稍進步，比較像個專制政權。看來，不確定也等於沒衝突。多簡單美好！但我不相信這套說辭。我認為衝突真的存在。我覺得當蘇聯人說他們已找到解決人類問題的答案，說所有的力氣都要為國家而奉獻時，他們確實代表了一種危險，因為那代表了：從此再沒有想像的空間，人類的潛能根本被禁止開發，令人意外的驚喜、多元化發展、解決困難問題的新方法、新觀點等等，全都在禁止之列。

美國政府成立之初，開國元老乃是本著一種「沒有人懂得如何建立政府、甚至如何治理國家」的信念來進行的。大家都不知道應該怎麼辦的結果，就是創造出一套治理國家的制度，方法就是容許新想法在這套制度之中誕生、試試看是否行得通，不成便將之丟棄。草擬美國憲法的人都了解懷疑的價值。在他們的那個年代，科學已經發展到一個地步，充分展現出接納不確定性、容許百花齊放的價值，是有無限的可能性與潛在發展力的。單單是「你不確定」此一事實，就代表了以後某個時候將會出現另一個方案。「有著各種可能性」就是一種機會。懷疑和討論是進步的重要因素。

從這個角度來看，美國政府很新、很近代、也很科學化，但美國政府也亂七八糟呢。參議員為了爭取在他的家鄉蓋個水壩，甘願被買票，關說也摒絕了少數民族代表自己的機會……等等。美國的政府說不上很好，但也許除了英國政府之外，它已經是地球上最好的政府了。美國政府最令人滿意、最近代，但並不算挺好。

技術進步竟可不靠民主而存在？

蘇聯是落後國家。噢，它的科技十分先進。前面我談論過我心目中的科學和技術的分別。不幸的是，工程和技術的進展似乎不會跟「思想壓迫」八字不合。看起來，至少在希特勒的年代，儘管沒創造出什麼新的科學成就，但仍然製造出火箭來，而現在蘇聯也有能力製造火箭。

聽到這消息我很難過，但事實俱在的是，技術的進展和科學的應用都可不靠自由而存在。蘇聯的落後，在於它還未學會政府的力量是有其極限的。盎格魯撒克遜民族的偉大發現，是政府的力量有其極限。盎格魯撒克遜民族不單只是唯一想到這些的人，他們後來還跟這些想法搏鬥了很久。在蘇聯，是沒有自由自在的批判聲音的。你說，「有，他們有討論反史達林主義。」但只在某種方式之中，在某個限度以內。

這部分我們應該趁這機會多談談。為什麼我們不討論一下反史達林主義？為什麼我們不同時指出，我們跟這位史達林先生的恩恩怨怨？為什麼我們不指出，能夠孕育出這種思想的政府會有些什麼危險？我們更可以指出，蘇聯正在猛批的史達林主義，跟目前蘇聯國內發生的情形不是都差不多嗎？好啦、好啦……我有點太激動了，你們看……這不過是情緒而已。我不應該這麼激動的，因為我們應該很科學化地進行討論。如果我沒法讓大家相信我這些都是完全理性、不帶偏見的科學化論述，我是無法說服你們的。

我跟這些國家打交道的經驗並不多。我訪問過波蘭，發現當地的一些有趣事情。當然，波蘭人是愛好自由的民族，而他們在蘇聯的勢力和影響之下，並沒有出版自由。但當我在那裡的時候，那是一年前的事了，他們卻可以暢所欲言，因此，我們在公共場合可以就各方面的議題熱烈討論。這很奇怪，因為他們並不能隨心所欲地出版。

順帶說一下，波蘭最教人驚訝的一件事，是由於過去跟德國打交道的經驗是那樣地印象難忘、令人害怕，波蘭人是不可能忘記的。而因此，他們看待外交事務的態度永遠受到「恐懼德國人捲土重來」這個想法的左右。於是，他們接納蘇聯，他們還跟我解釋說，你看，蘇聯人的確壓制住東德人，東德不可能再出現任何納粹份子了，毫無疑問，蘇聯人有辦法控制住他們。但讓我大為震驚及疑惑的是，他們沒想過，一個國家其實可以保護另一個國家，保證它的安全，但同時不用主宰著這國家的一切，也不用住在當地。

此外，很多時候不同的人把我拉在一邊，告訴我說，要是波蘭真的脫離蘇聯的掌握，組成自己的政府，獲得自由，到時大家會很驚訝地發現，一切還是跟現在的情況差不多。我說：「你什麼意思？我很意外。你是說你們不要言論自由囉？」「噢，不，我們所有自由都會有，我們會愛死了各種自由，但波蘭也會有國營事業等等，我們相信社會主義。」我很意外，因為那不是我看這個問題的態度，我不會把這個問題想成社會主義和資本主義之爭，而是把它看作思想箝制，以及自由思想之爭。

如果自由思想加上社會主義比共產主義好，那麼新組合就會冒出頭來，一切對大家都比較有利。而如果資本主義優於社會主義，它也會冒出頭來。我們的是百分之五十二……

算了吧……

不自由，科學不進展

事實是，蘇聯並不是自由國家，這大家都知道；不自由對於科學發展的影響也是蠻明顯的。其中一個最佳例子，就是利森科（注二），他提出了一個遺傳理論，說後天獲得的特性可傳給後代。這可害慘了蘇聯。

偉大的孟德爾（注三）首先發現遺傳法則，開啟了這門科學，而他早已過世。這門科學只能在西方國家延續下去，都只因為在蘇聯，科學家沒有分析研究這些東西的自由，他們盡拿些教條在跟我們辯論個不停。結果很有趣。在這個例子中，蘇聯不單只生物學發展停頓了。順帶一提，生物學現時是西方最活躍、最教人興奮發展最快的科學，而在蘇聯呢，它什麼也沒動。同時你會想，從經濟觀點來看這是不可能發生的。但事實俱在的是，由於採信了利森科錯誤的遺傳理論，蘇聯的農業生物學大大落後了，他們弄出來的玉米雜交品種全都不對，也不曉得如何生產品種更優良的馬鈴薯。從前這些他們全都懂的，在利森科之前，蘇聯的馬鈴薯是全球最佳的，但今天他們沒有這種產品。他們只會跟西方拌嘴。

在蘇聯物理學界，曾經一度也有很多類似的麻煩；近代的物理學家則有極大的自由度——但還不是百分之百的自由，各種不同的學派還在互相拌嘴。有一次他們全跑到波蘭參加學術會議，波蘭的官方旅行社就跟蘇聯的官方旅行社一樣，負責安排行程。當然，旅館房間有限，而他們犯了個大錯，把幾個蘇聯人安置在同一個房間內。蘇聯物理學家跑到那裡，尖叫起來，「十七年來我都沒跟那傢伙說過話了，我不要跟他住同一個房間！」蘇聯物理學界有兩個門派，其中有好人也有壞人，這完全是很明顯的，也很有趣。蘇聯也有一些優秀的物理學家，但西方的物理學發展要快多了，雖然有一陣子看起來蘇聯會出現些好東西，但終究沒有。

可這並不等於說，他們的科技就停滯不前或落後了，我只不過想說，在這種國家中，創新想法全都只有絕路一條。

我們要保有懷疑的自由！

你們大概都有讀到最近出現的近代美術浪潮。我在波蘭時，橫街角落也有很多近代藝術畫作掛在那裡，蘇聯也開始有近代藝術了。我不曉得近代藝術的價值何在，但赫魯雪夫（注四）先生跑去這些地方看過，而他覺得這些畫都是些混蛋用尾巴畫出來的。我的評語是：他當然最清楚了。

要說得更清楚，讓我給你講一個叫納卡諾索夫的例子。納卡諾索夫先生在美國及義大利周遊過後回到蘇聯，發表文章談他的所見所聞。他被嚴厲譴責，原因照評論者的話是「一種五十／五十的觀點，是資產階級的客觀論調。」這是個科學國家嗎？我們從哪裡得到這想法，以為蘇聯人比較科學化呢？因為在革命早期他們的想法跟現在不一樣嗎？但不接受「一種五十／五十的觀點」就已經不是科學態度了，我是說，蘇聯人根本不嘗試了解一下這世界有些什麼事物，以做出改變；他們簡直像把自己雙眼弄瞎了，以繼續保持無知。

我忍不住了，必須再多談一下有關納卡諾索夫的批判。批判他的人叫拍哥腐泥，是烏克蘭共產黨的總書記。他說：「這裡你告訴我們……（當時他在一個會議上，其他人剛發表完意見，但沒人知道之前的人說過些什麼，因為那部分沒刊印出來，批評的部分卻出版出來了。）你告訴我們說你只報導事實，偉大的事實，真實的事實，你在史達林格勒戰壕裡為之出生入死的事實，那很好，我們一致贊同你那樣的寫法。（我希望他真的那樣想。）你發表的言論，你一直在支持的想法，卻帶著小資產階級份子的無政府主義味道。這我們黨和人民都無法容忍，也不會容忍。你，納卡諾索夫同志，最好仔細嚴肅地好好想清楚這點。」

可憐的傢伙怎麼還能嚴肅地想清楚這些？有什麼人能夠嚴肅地思考做為一名小資產階級無政府主義者是怎麼一回事？你們能夠想像這個畫面嗎？一個老老的無政府主義者，卻同時又是個資產階級份子？還是個「小」資產階級份子呢！整件事情實在荒謬。因此，我希望我們所有人都能繼續保持笑容，一起嘲笑像拍哥腐泥這種人，同時試試跟納卡諾索夫先生聯繫，讓他知道我們很欣賞及尊重他的勇氣，因為我們人類才剛起步。

過去有幾千年的歷史，但未來還有不知多少年，未來有著各種的機會，也潛藏著各種的危險。從前，人類也發生過由於思想遭阻滯而停滯不進步，人類也面臨過長時間去路盡被封死。我們絕不會容忍這樣的事情發生。我希望未來的世代能夠獲得自由——懷疑的自由、繼續這場發現做事情的新方法的冒險、發現解決事情的新方法的自由。

政府應該有所不為

我們為什麼要緊抓著問題不放呢？因為一切才剛開始，我們有很多時間來解決這些問題。我們犯錯誤的唯一方法，是在人類發展還處於這麼早期的時候，就斷定說我們已經知道了答案，一切答案都在這，再沒人能想出什麼東西！於是我們變得封閉，那樣做等於把人類局限在眼前的想像空間之中。

我們並不那麼的聰明。我們其實很笨、很無知，我們必須保留開放的管道。我的信念是「受限制的政府」。我很相信，政府應該在很多方面都受到限制，但我現在想強調的只是在「知識」這方面。我不想同時談所有的事情，讓我們先考慮一小部分，考慮知識這檔子事。

任何政府都沒有權利決定哪些科學原理才是真理，也不能以任何方式規範大家所能研究的問題種類，不可以由政府來斷定藝術創作有多少美學價值，或限定只能以哪幾種形式來創作文學及藝術。當政者更不能宣布哪些經濟上的、歷史上的、宗教上的或哲學上的教義才是正確妥當的。

相反的，政府有責任替它的子民維繫自由於不墜，好讓他們參與這場冒險之旅，為人類的繼續成長作出貢獻！

謝謝各位。

【譯注】

注一：伏爾泰（Voltaire, 1694-1778），本名Francois Marie Arouet，為法國哲學、文學、戲劇作家，著有《戇第德》。

注二：利森科（Trofim D. Lysenko, 1898-1976），蘇聯農業學家政客，不相信基因遺傳學說，主張後天獲得的性狀可以遺傳，所以農作物今年經歷過低溫促進開花的春化作用後，來年就不需要春化也能開花。他的這種謬論被史達林正式批准為與馬列主義同等級的真理，影響了蘇聯的農業策略，導致糧產不繼。利森科從一九四八年起主導生物教科書的編寫，凡是支持達爾文演化論的蘇聯科學家都被批鬥為資產階級遺傳學家，遭到整肅。利森科雖然在一九六五年垮臺，但已造成蘇聯遺傳學領域十數年一片空白。

注三：孟德爾（Gregor Mendel, 1822-1884），奧國神父，用豌豆做實驗，發現了孟德爾分離律，被尊為遺傳學之父。但是在一八六五年他的發現公諸於世時，並沒受到重視，一直埋沒了三十五年，才被三位生物學家在圖書館中發現。

注四：赫魯雪夫（Nikita Sergeyevich Khrushchev, 1894-1971），一九五三年史達林死後繼任俄共總書記，一九五六年鞭屍史達林。掌蘇聯大權至一九六四年，因為經濟及外交問題（一九六〇年與中共發生邊界衝突、一九六二年因古巴飛彈危機與美國衝突）處理不當，遭罷黜下臺。

第三講

不科學的年代

THE MEANING OF IT ALL

世界上有這些不科學的事物，
此一事實對我而言，並不是什麼煩憂。
我的意思是說，在生命裡，在歡愉中，在激動的時候，
在人世間的快樂及追尋中，以及在文學裡等等，
都不需要多科學化，更沒理由「科學」。
在這些情況中，大家必須放輕鬆，享受生命。
但如果你停下來思索一下，就會發現有數不清的事物
大部分都是很瑣碎的、但全都是不必要地不科學。

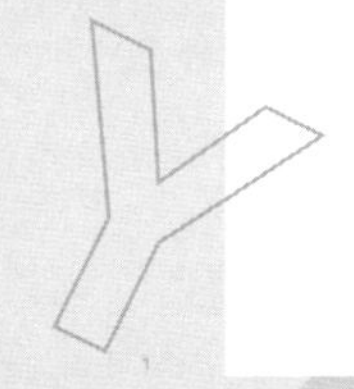

當我接到邀請，要來這裡擔當丹茲講座的主講人時，我十分高興，因為我聽說這將會是一連三場的演講會，而我曾經花了很多時間和工夫在思考這些想法，很想有個機會，不要只在一場演講裡表達我的想法，而是慢慢地、很仔細地在三場演講裡呈現我的想法。現在我發現，我慢慢地、很仔細地在兩場演講裡，就把我的那些想法完全講完。

原先有條理、整理過的想法全講完了，但對於這個世界，我還有許多很「不安」的感覺和想法，一直以來都沒有機會用很顯淺、有邏輯、很理性的形式表達出來。那麼，由於我答應過要做三場的演講，現在唯一能做的，就是把我這些雜七雜八、並不太有條理的不安想法告訴你們。

也許到那麼一天，當我釐清楚這些想法，找到一個真正深奧的道理之後，我就能夠做一場大家都聽得懂的演講，而不是像今天這樣。還有，假如你們因為我是個科學家，而且根據你拿到的演講會說明，我獲頒過一些獎項等等，開始相信我說的話真有幾分道理，而不是依靠用心看看那些想法本身，自己下判斷的話；換句話說，你知道，你們對權威人士特別崇拜，那麼今天晚上我會替你們驅之逐之。我要用這場演講來說明，像我這樣的人有可能得出一些多荒謬的結論和說出一些多奇怪的話。因此，我希望能摧毀任何我先前建立起來的權威形象。

要知道，星期六的夜晚應該要用在娛樂上，即是說……我想我的興致都來了，讓我們繼續談下去吧。把演講獻給一個沒人能相信的理由，永遠是件好事，要不這場演講十分特別，要不它的內容跟你預期的完全相反。當然，這也是我把講座題目定為「這個不科學的年代」的原因。

只不過是不科學罷咧

是的，如果你所謂「科學」的意思是指技術上之應用的話，那麼無疑地這是個科學的年代。毫無疑問，今天我們擁有各式各樣的科學應用，替我們造成各式各樣的麻煩，也給我們帶來各式各樣的好處。因此，從這個角度來看，這的確是個很科學的年代。如果你所謂「科學的年代」指的是在這個年代裡，科學發展突飛猛進的話，那麼這肯定是個科學的年代。

過去兩百年來，科學發展的速度不斷地加快，現在已經到達一個臨界點了，特別在生物學，我們正處在一個臨界點上，快要出現一些極不尋常的新發現。那將是些什麼樣的新發現呢？我無法告訴你。很自然地，那也是教人興奮的原因所在，興奮來自於翻開一塊石頭、又掀開另一塊石頭之後，發現底下的新事物，這樣已連續發生幾百年了，不絕地高潮迭起。從這個角度來說，現在的確是個科學的年代——當然，說這話的人鐵定是個科學家，其他人全不曉得發生了這些事情呢。往後，當歷史學家回顧我們這個年代時，他們會明白，這是個極端戲劇化、極不尋常的年代，是個從「對這世界不大了了」一變而為「對這世界多知道了很多」的巨變時代。

但如果你所謂「科學的年代」，指的是在藝術界、在文學裡，以及在影響大家的人生態度及對事情的了解上，科學扮演了吃重的角色，那我就一點都不覺得這是個科學的年代了。你們想想看，例如說，在古希臘人的英雄時代，他們留下了許多歌頌戰爭英雄的詩篇。而在中古的宗教時期，藝術跟宗教息息相關，而人們對於生命的態度絕對跟宗教觀點緊緊扣在一起。那是個宗教的年代。

根據這種觀點，這不是個科學的年代。

但是，世界上有這些不科學的事物，此一事實對我而言，並不是什麼煩憂。這是個好字眼。我的意思是，那不是我擔心的事情，我不擔心世界上有不科學的事物。世界上有不科學的事物並不真那麼糟；其實整件事無傷大雅，只不過是不科學罷咧。而當然，「科學的」這個形容詞只限用於那些能透過試誤法則（try and error）以作辨別的事物。比方說，這些日子裡發生的荒謬事件，是年輕人都在呼喊說看到紫色的食人怪物，但如果我們也曾經屬於相信有扁平腳怪物一族的話，那我們也沒資格批評這些年輕人。

我的意思是說，在生命裡，在歡愉中，在激動的時候，在人世間的快樂及追尋中，以及在文學裡等等，都不需要多科學化，更沒理由「科學」。在這些情況中，大家必須放輕鬆，享受生命。這不是批判的時候，批評反而不是重點。

但如果你停下來思索一下，就會發現有數不清的事物大部分都是很瑣碎的全都是不必要地不科學。舉個例子，這講堂中的前面這幾排還有很多空位子，但講堂後面還是有人站著。

政治不妨天真一些

在跟一些同學談話時，有人問了我一個問題，就是：「處理科學知識時，你有沒有碰到過那些經驗或心態，是你覺得在處理其他領域的知識時，也會有用的？」順帶一提，到最後，我會談談今天的世界有多少是有頭腦的、理性的及科學的。其實還蠻大的一部分。因此，我只不過是先談不好的部分而已。這樣比較好玩。那樣一來，結尾比較溫馨。我覺得要談論所有我覺得不科學的事物時，這樣演講是個很好、很有組織的方法。

我想先談談一些判斷某個想法的小技巧。在科學的世界中，我們占的一點點優勢是，最後總是可以將這個想法訴諸實驗的評斷，而這在其他領域之中，並不一定做得到。無論如何，有些衡量事物的技巧或經驗，無疑地在其他情況中也會有用。那麼，讓我從幾個例子開始談起。

第一個例子是，究竟一個人曉不曉得自己在說些什麼，究竟說的東西有沒有根據。而我所使用的小技巧十分簡單。只要你問他一些有智慧的問題，換句話說，一針見血的、有趣的、誠懇坦率的、直接跟議題相關的問題，他很快就會被不帶任何陷阱的問題卡住。這好比小孩子問的那些很天真的問題。要是你問一些很天真、一針見血的問題，那麼被問的人如果是個誠實的人，他差不多會立刻被問倒。明白這點是很重要的，我想我還可以點出這個世界一個很不科學的層面，而如果這方面能稍微更科學一點的話，大家都會好過些。

那跟政治有關。

假定說有兩個總統候選人談到農業問題時，被問到：「你打算怎樣應付農業問題？」而他立刻知道所有的答案——嘩啦啦……嘩啦啦。接下來是另一個候選人。「你打算怎樣應付農業問題？」「呃，我不知道。我原本當的是將軍，對農業問題懂得不多。但我覺得這一定是很棘手的問題，因為十二、十五、甚至二十年來，大家都在跟這些難題搏鬥，而那些人都說他們知道怎樣解決農業問題。這一定是個棘手的問題！因此我心目中解決農業問題的方法，是召集一批懂農業的人，好好檢核我們過去處理這方面問題所得的經驗，好好地花點時間在這上面，然後循合理、理性的方式達成結論。我無法在事前告訴你結論是什麼，但我可以告訴你們我會用的基本原則——我們不能讓農夫生活更困難，如果有什麼特別的情況，我們就要找出特別的方法來處理，」之類之類。

不過，我想像這樣的人在這個國家裡永遠出不了頭。無論如何，反正沒人試過這樣說就是了。在大眾的心態中，他們必須能說出答案，而能說出答案的人就一定比不說出答案的人好，但事實的真相是，在大部分情況中，正好相反。如此一來的結果當然是，政治人物必須能說出一個答案，而這結果的結果是，政治承諾永遠無法兌現。這是個機械式的事實；一切就是那麼的不可能。而接下來的結果就是，沒有人相信競選時所作的承諾，以致大家普遍蔑視、看輕政治，以及對那些嘗試解決問題的人不怎麼尊敬，以此類推。一切都從一開始就發生了——也許，這是過度簡化了的分析。也許之所以會發生這樣的事，是因為大眾喜歡的心態是想找個答案，而不是想試著找到有辦法找到答案的人。

怎樣處理不確定性？

現在，讓我們試一試科學裡的另一個元素，那就是怎樣處理不確定性。每種概念我都會舉出一、兩個例子。

有很多關於不確定性的笑話，在這裡，我想提醒大家的是，儘管你不確定，但你還是蠻能夠確定很多事情的，你不用那麼一板一眼，腦筋轉不過來。其實根本就不要一板一眼。很多人對我說：「喔?如果你什麼都不知道，你怎麼能教導小孩什麼是對，什麼是錯呢？」因為我還蠻能確定什麼是對，什麼是錯的。我不是絕對的肯定，某些經驗可能令我觀感改變，但我知道我預備教他們些什麼東西。但當然囉，小孩都不要學你想教他們的東西。

我要討論一個有點艱深的想法。但你要知道，如果我們真要學會怎樣處理不確定性的話，就一定要靠這種方法了。這些東西是怎麼樣從差不多一定是錯的，一變而為差不多一定是真的?經驗如何改變?你怎樣隨著改變而處理隨之而來的改變?這是頗為複雜的事情，很技術性，但我會給你舉一個頗為簡單、理想化的例子。

讓我們假定你有兩個理論，兩個理論都預測同一件將會發生的事情，我稱之為「理論Ａ」及「理論Ｂ」好了。事情慢慢複雜起來了。理論Ａ及理論Ｂ。在你進行任何觀測之前，無論是為了什麼原因，換句話說，由於你過往的經驗、其他的規則及直覺等等，總之，假定說你比較傾向理論Ａ——你對理論Ａ有信心多了。

但我們又假定你要觀測的是一個測驗的結果。根據理論Ａ，什麼都不應該發生；而根據理論Ｂ呢，被測驗的東西應該要變成藍色。那麼你進行你的觀察，結果那東西變得有點綠綠的。你看看理論Ａ，說：「這不大可能是對的。」接著再轉到理論Ｂ，而你說：「唔，它應該變成藍藍的，但轉變成綠色，也不是不可能。」因此這個觀測的結果，就使得理論Ａ有點落到下風，而理論Ｂ漸漸占上風了。如果你繼續再多做一些測驗，那麼理論Ｂ的正確機率更高了。

拿觀心術的例子測試

順帶說一下，單純地重複同一個測驗，無論重複多少遍，結果看起來還是綠色的話，你還是無法下定決心。但如果你找到其他一堆現象，將理論A和理論B區分開來，那麼透過累積起來很多很多的類似個案，理論B的機率就更加上升了。

舉個例子。比方說，我在拉斯維加斯碰到一個觀心術者，或者說，一個沒有自稱懂觀心術、但就技術上而言自稱具有「超觸動力」能力者，也就是說，他可以單靠思想力量來影響事物的動靜或狀況。這個傢伙跑來跟我說：「我會表演給你看。讓我們站在輪盤前，每次轉出結果之前，我會告訴你將開出黑色或紅色。」

恰巧我對觀心術士特別帶有偏見。根據我研究大自然以及研究物理的經驗，要是這個人也是用原子造成的，而如果我已經知道所有的（或大部分）原子跟原子相互作用的定律之後，我看不出為什麼他心裡的運作可以影響輪盤上的小球。因此，根據其他經驗和累積下來的普通常識，我對觀心術士有強烈的偏見，不相信他們。於是我們假定，在一切還沒開始之前，其實這件事可能為真的機率是多少已經無關緊要。就說是一百萬分之一好了。

現在我們開始觀察了。觀心術士說，輪盤將會開黑色，它果然開黑色。觀心術士又說，接下來是紅色，真的是紅色。我相信他們了嗎？不，這完全是有可能發生的。再下來，觀心術士說會開黑，它開黑；他說會開紅色，它又是紅的。開始冒汗，我快要學到點什麼東西了。這樣一直繼續下去，假定說，十次。先說一下，連續十次，他都說對，也有可能是碰巧發生的，但這樣的機率只有千分之一。因此，現在我必須下結論說，這位觀心術士真的具有這些能力的機率是千分之一。他還不真的是個觀心術士，但之前他的機率是百萬分之一。可如果他再對十次，你們看到了沒？他就能說服我了。

還沒，還差一點點，你永遠都一定要容許其他理論存在的可能。我剛剛應該先提一下另一個可能的理論。當我們走到輪盤旁邊預備做試驗時，我心中一定有想過，可能這個所謂觀心術士跟輪盤的人早串通好，這是有可能的，儘管這傢伙看起來一點不像跟賭場的人有什麼關連。於是，我懷疑這發生的可能是百分之一。

可是，當他連續十次說對之後，由於我對他的偏見是那麼嚴重，我便下結論說，當中是串通好的。十比一。我的意思是，串通好而不純屬意外的比率是十比一；但其實串通好對不是串通好的機率仍然是一萬比一。如果我一直對他存有嚴重偏見，而且現在還宣稱這是串通好的，他怎麼有辦法向我證明他真的是個觀心術士呢？噢，我們可以再做個測驗，我們可以跑到另一家賭場去。

什麼情況下能說服我？

我們可以再試試其他的測驗。讓我去買骰子，坐在某個房間裡試。我們可以一直試下去，剔除掉各種的理論。畢竟讓他一直站在同一張輪盤桌子前面，站到天荒地老也不會有什麼好處。就算結果是他一直都預測準確，但我只會下結論說，全都是串通好了的。

不過，他還是有機會透過其他的表現，以證明他的確是個觀心術士。假定我們跑到另一家賭場，而他再次靈驗了，再到另一家，同樣靈驗；我買新骰子，一切還是靈驗；我把他帶回家，重新造了個輪盤，還是靈驗。我怎樣下結論呢？我的結論是，他的確是個觀心術士。一切有其法則，但當然，不是百分之百的確定，我心中自有某個機率的百分比。經過這一連串的經驗之後，我推論他真的是個觀心術大師，但有一點點的保留。

接下來，新經驗繼續累積之後，也許我會發現有個方法可以從嘴角吐氣，而不被人看到，之類之類的。而當我發現這件事時，機率又改變了，且永遠維持不確定。但在很長的一段時間之內，我很可能都結論：透過某些測試，觀心術的確真有其事。

如果真的是這樣，那我就立刻很興奮了，因為之前，我完全沒料到會發生這樣的事，我發現了一些原先不知道的事，而做為物理學者，我會很渴望去調查這件事，把它當作大自然的現象來研究：這跟他和骰子之間距離多遠有沒有關係？假如你在他和骰子之間放幾塊玻璃或紙板，或其他東西，又怎麼樣？很多現象都是透過這種程序來理解的，理解「磁」是什麼，「電」是什麼。而觀心術到底是什麼，也可以透過充分的實驗之後，得以理解。

總之，這就是一個如何面對不確定事物，以及如何用科學眼光看待它們的例子。對觀心術存有偏見，認為它只有百萬分之一的機會，並不等於說，你永遠不會被說服某人的確是個觀心術士。只有在兩種情況之下，你才永遠沒法被說服：第一種情況是你能做的實驗有限，他又不讓你做更多的實驗；又或者是你從頭到尾死守著自己的偏見，堅持觀心術是絕對不可能的事。

真理愈檢驗愈明確

另一個在科學領域裡行得通，而且大概在其他領域也可行的真理檢驗通則是，如果有什麼確實是真確無訛的事情，當你繼續觀察並且改進觀測成效之後，真理會變得更加明顯，而不會變得更加混沌不明。我的意思是說，如果那裡真的有什麼東西，但由於玻璃不乾淨，以致你看不清楚的話，那麼等你把玻璃擦乾淨之後一看，一切便更加清楚明顯，而不是更看不清楚。

我來舉個例子。我想，在美國維吉尼亞州的某個地方吧，有個教授多年來做了很多有關心電感應的實驗。這和觀心術都是差不多的東西。在他早期的實驗中，遊戲規則是利用一疊印了各種圖案的撲克牌（你們大概知道我在說什麼，有一陣子他們賣很多這類的撲克牌，人們都在玩這種遊戲），當別人努力想著牌子上的圖案時，你要猜到底圖案是個圓圈，或是三角形。於是你坐在那裡，看不到撲克牌上的圖案，對方則看到圖案，同時努力地想，而你要猜圖案是什麼。

在這項研究的早期，維吉尼亞州的教授發現一些很特別的效應，他找到一些能猜中十到十五張牌的人，但一般人平均才猜中五張。還不止呢，有些人還差不多百分之百猜中整疊牌！很了不起的觀心術大師！

但有些人提出各種批評。比方說，其中一個批評是，那位教授並沒有涵蓋所有猜錯的個案，而只是注意少數幾個成功的例子，那樣一來，你根本無法做什麼統計了。此外，許多情況顯示，看圖者跟猜圖者之間有意或無意地會通風報信。

大家對他的實驗技巧和統計方法頗有微詞，因此他改進技巧。結果是，雖然一般人平均猜對五張牌，但就算經過很多測試之後，他仍然得到六・五張牌的正確率，但他再也得不到十五或二十張牌的結果了。因此，第一批實驗的確有錯誤，第二批實驗證明了第一批實驗觀察到的現象是不存在的。

另一方面，結果出現六・五張牌，而不是平均的五張牌，則帶出了一個新的可能性，那就是可能真的有心電感應這回事，只不過沒那麼強烈。這是個另類想法，因為，要是原本就真有其事，那麼當你改進實驗方法之後，那現象應該還在，應該還是能猜對十五張牌才對，為什麼降到六張半了？原因是技巧改進了。

現在，六張半牌還是比平均的統計數字稍微高了一點點，於是各方人馬繼續批評，指出的都很奧妙，注意到兩、三個小小的地方，可能就能解釋為什麼會出現那樣的結果。根據那位教授的說法，接受測驗時，實驗對象會愈來愈累。證據顯示，平均來說，他們猜對的數量有點低。如果你刪除掉分數低的結果，統計方法就全行不通，平均數值高於五等等。而當接受測試者顯現疲態的話，教授就排除他最後的兩、三個答案不算。

類似的改進繼續發生，結果變成心電感應還是存在，但平均大家答對的是五．一張牌，使得所有說有六．五張牌的實驗都不對了。那麼，五張牌這個數值呢？……我們可以沒完沒了地繼續追尋下去，但重點是，實驗中永遠都有很多很奧妙、沒被發現的錯誤。但我不相信那些研究人員證實了心電感應確實存在的原因是，當實驗技巧改進之後，心電感應這個現象的效應減弱了。簡單來說：在每宗個案中，後來的實驗都推翻了之前的實驗結果。記住這道理，你就能領略整個情況。

事實永遠是事實

當然，對於心電感應或類似的現象，也有很多懷疑的聲音，因為它們的起源十分神祕，跟靈異、招魂術等相關；十九世紀時，也出現過各種相關的騙術奇譚。偏見通常會使得證明某些東西存在備加困難，但如果真的存在，這些東西通常會撥開迷霧，現身出來。

其中一個很有趣的例子，是催眠這個現象。專家花了很多力氣之後，才說服大眾確有其事。這是從麥斯馬先生開始的。他讓患了歇斯底里症的病人坐在澡盆裡，澡盆裡邊有些管子，病人可握著管子而將病治癒。但整個事件中，其實包含了催眠的部分，當時人們還沒有確認催眠的存在。

你們可以想像，當初要吸引大家的注意力，希望有人多花點力氣多做這方面的實驗，是多麼困難。但我們很幸運，催眠這個現象終於被凸顯出來，毫無疑問地被證實存在，雖然它一開始時，是那麼的古里古怪。因此，使人對它產生偏見的，並不是古里古怪的起點，而是大家開始對這個現象產生偏見；但經過調查研究之後，也許你會改變觀感。

另一個基本道理，是我們要描述的現象必須具備某種千秋不變的特質，假如這種現象很難做些實驗來研究，那麼要是從不同角度來觀察，它必須起碼看起來都差不多。

例如說，當我們討論飛碟這個題目時，我們碰到的困難是，差不多每個看到飛碟的人都看到不同的東西，除非之前他們被告知他們應該看到什麼。因此，一部飛碟史提到的，盡是些橘色光球啦、會在地上彈來彈去的藍色球啦、一道道像遊絲轉瞬間就蒸發掉的東西、突然消失的灰霧，以及用金屬造成的圓圓扁扁的東西，裡頭還會跑出來些像人的古怪生物。

究竟有沒有飛碟在飛？

如果你對大自然的複雜度以及地球上生命的演化，有一點點的了解，你會明白生命可能以各種形態出現。人們說生命不能沒有空氣而存在，但水裡面就有生命；其實生命還是從海洋開始的。人們說生物能走動而且有神經系統，但植物是沒有神經的。花幾分鐘時間想一想生命的多樣化吧，然後你就明白，從飛碟上走出來的東西不會像任何人形容的任何模樣，十分不可能。另一件極不可能的事，是飛碟會在這個特別的年代來到這裡，而從前卻沒有引起轟動。從前他們為什麼沒有來過地球？剛剛好當我們變得夠科學化了，懂得領略從一個地方旅行到另一個地方的時候，飛碟就出現了！？

有很多論據，懷疑飛碟到底是不是真的來自金星——事實上，懷疑的聲音還蠻大的，但論據本身也不完備。懷疑之多，要進行很多很精準的實驗，才能有點結論；而觀察到的現象，卻又那麼前後不一致、缺乏長久不變的特性，等於說它並不存在。因此，除非問題變得比較有焦點可循，否則不值得花太多力氣在上面。

我跟很多人辯論過飛碟的事情。順便提一下，我必須說明，我的科學家身分並不意味著我跟人類沒有任何接觸。（我指的是一般的普通人，我很清楚他們是什麼樣子。我很喜歡跑到拉斯維加斯跟歌舞女郎或賭徒聊天。我這一生中，經常四處亂跑，因此我很清楚一般人是些什麼人。）總之，甚至在海灘上，我都要跟人家辯論有關飛碟的事情。我有興趣的事情是：他們不斷地辯駁說，飛碟是有可能的事物。而那樣說是對的，飛碟是有可能的。但他們弄不清楚的是，問題並不在於證明飛碟是不是有可能的，而是究竟有沒有飛碟在飛來飛去；不是有沒有可能會發生，而是它到底有沒有可能正在發生。

問題不在於什麼可能發生

這就帶到處理或面對概念時的第四種態度，那就是，問題並不在於什麼是可能發生的，那不是問題。問題是在於：什麼比較有可能正在發生。

你不斷地重複表示無法駁斥這可能是飛碟，並沒有什麼好處。我們必須及早弄清楚，究竟我們需不需要擔心火星人入侵呢。我們要下的判斷是，到底這是不是飛碟？到底這想法合不合理？可不可能真的在發生？而我們根據的是更多的經驗，而不單是到底這可不可能。

一般的人並不完全明白一共有多少可能會發生的事物。他們因此也不清楚，有多少可能發生、但沒有發生的事物，以及不可能所有可能發生的事物都在發生。另一方面，世間事物是那樣的多樣化，因此極有可能你想到有可能的東西，卻偏偏不正確，沒在發生。事實上，物理理論裡有一條普遍正確的原理：無論你想到什麼，它差不多總是錯誤的。物理學史上有五個或十個正確的理論，那些都是我們想要找到的理論。但那也不代表說，所有東西都是錯誤的。我繼續說下去，就會比較清楚了。

讓我再舉一個例子，來說明怎樣把「可能發生」誤認為「可能在發生」。我也許可以舉「美化薛頓聖母」的案子為例。有一位很神聖的女士，替很多人做了很多很好的事，那是毫無疑問的——對不起，那是差不多毫無疑問的。大家宣布，她已經證明了她的確是具備美德的。到了這個階段，天主教系統在決定封她為聖母之前，要考慮的是奇蹟。因此，接下來的問題，是要判斷她能不能製造奇蹟

有個小女孩得了極嚴重的白血球過多症，群醫束手無策，不知道如何才能治好她。家裡人為情勢所逼，在倒數計時的種種煩惱之下，試了很多方法、不同的藥物、各式各樣的東西。其中一種嘗試，是把一條絲帶拿去碰觸薛頓聖母的骨頭，然後別在小女孩的床單上，同時安排了幾百人替她的健康祈禱。結果是她——噢，不能說是結果，而是後來她病情稍有好轉。

天主教系統派出了一個仲裁小組去調查這件事。一切都十分正式、十分小心仔細、十分科學。每件事都要做到恰到好處，每個問題都很謹慎地問，所有的問答都仔細地記錄在一本簿子裡，一共有一千多頁，全部翻譯為義大利文，送到梵蒂岡，卷宗全用特別的繩子捆綁起來等等。仲裁小組詢問參與診斷病情的醫生個中情況，問他們覺得這件病例如何。醫生一致同意，從來沒有發生過這樣的事，這個病例和以前的病例完全不同，從來沒試過有人得白血球過多症到這麼嚴重的地步，還能使病情緩和下來這麼久。就這樣了。

如果是真的，有什麼不好？

沒錯，我們不知道發生了什麼事。沒人知道發生了什麼事，這有可能是奇蹟。但問題不是這到底是不是奇蹟，他們的問題是斷定到底薛頓聖母跟這件病例有沒有什麼關係。噢，這點他們做到了，在羅馬做到的。我不曉得他們如何做到的，但這是關鍵。

問題是，治癒小女孩的「藥方」到底跟薛頓聖母、祈禱等有沒有關連。要回答像這樣的問題，你應該蒐羅各種對薛頓聖母有利的案例，即由於禱告而使得病情不一的各式病人好轉過來的案例。然後再拿這些成功的數字，跟一般沒接受過禱告、但好起來的病人數目作一比較。這是個忠實、簡單而直接的調查方式，裡頭完全沒有什麼不老實或褻瀆的意味，因為如果這真的是奇蹟，它就能禁得起考驗。要是這不是真的奇蹟，那麼就會被科學的方法所摧毀。

研究醫學的人或實際負責治療病人的人，對任何可以治病的方法都有興趣。他們發明了各種醫療技巧、嘗試各種藥物。那女孩的病好轉了，但就在她好轉前，她也得過水痘。兩件事之間有沒有關連？他們有一定的醫學程序來檢核兩者之間是否相關——作各種比較等等。問題並不是在於斷定某些奇怪事件的發生，而是好好利用這件事，決定一下以後怎麼做，因為如果結果發現真的跟薛頓聖母和禱告有關係，那麼就應該把薛頓聖母的遺體從墓中掘出來（而他們也這樣做了），將骨塊蒐集好，用很多的絲帶去碰觸她的骨塊，然後別到其他病人的床上。

事情既已發生，就不必算機率

現在我要轉到另一個基本道理或想法上，就是當某些事情發生了以後，就沒必要再去計算這些事情可能發生的機率了。

甚至連很多科學家都不了解這個道理。事實上，第一次跟人家爭辯這道理時，我就在普林斯頓大學當研究生，心理系有個傢伙在進行老鼠賽跑的玩意。我的意思是，他有這麼個T型的東西，老鼠在裡頭跑，牠們會右轉、左轉等等。心理學的基本做法，是把實驗盡量安排到任何發生的事情都不是莫名其妙隨機發生的，事實上，他們要將隨機發生的機率壓在二十分之一以下。換句話說，他們每二十樣東西裡面，大概就有一樣是錯的。而如果老鼠有可能轉向左或轉向右方，那計算機率所用的統計方法，就跟計算丟銅板時會得到正或反面一樣，很容易就可以弄清楚。

這傢伙設計了這麼一個實驗，要證明一些事情。到底是什麼事情，我已經記不得了，隨便說吧，可能是看看老鼠是不是永遠往右邊跑，我真的不大記得了。他要重複做很多次實驗，因為當然了，老鼠有可能不曉得為什麼轉到右邊去。為了要把數據壓到二十分之一以下，他要重複這實驗若干次。這是很困難的，但他做了足夠多的次數，然後他發現實驗行不通——老鼠轉向右邊，接著轉向左邊等等；而他發現一件令人驚訝的事情，那就是兩個方向輪流出現，先是往右轉，接著往左轉，再往右轉，接著往左轉。

他跑來找我，說：「替我計算一下左右輪流出現的機率，讓我看看是不是低於二十分之一。」我說：「它大概是低於二十分之一，但那沒意義，不算數。」他說：「為什麼？」我說：「因為當事情發生之後再計算機率，是完全沒意義的。你看，你找到這個奇怪的規律，而因此你挑選這些奇怪的數據。」

再舉個例子，今天傍晚，我就碰到一件最最不尋常的事。來這裡的路上，我看到一輛車，車牌號碼是ＡＮＺ九一二。請替我計算一下，在華盛頓州內所有的車牌號碼中，我會看到ＡＮＺ九一二的機率。哼，這是荒謬至極的。因此同樣的，我的朋友應該做的是：老鼠左右輪流跑的此一事實所指出的就是，老鼠有可能往左往右輪流跑。如果他要試試看這個假設是否正確，是否二十分之一，他不能使用原先的數據，而必須另外做一堆實驗，重頭來過。後來，他重新做了些實驗，證明這假設是錯的。

很多事情沒那麼神祕

很多人聽了別人說的一些小故事，往往就信以為真，只因為故事裡的一個個案就相信了，而沒有考量更多的案例。他們記下來一堆發生在別人身上的事情，受到這些事情的影響。「你怎麼解釋這些事情？」他們會說。我也記得在我身上發生過的事情，讓我舉兩個例子，兩個很不尋常的經驗。

第一個事件，就是當我還在麻省理工學院念書時，有個晚上我待在兄弟會的宿舍，正在寫一篇哲學報告。當時我全神貫注，除了報告的題目之外，什麼都沒想。但突然之間，十分神祕的，心頭掠過了一個念頭：我祖母去世了。

當然，我說的有點誇張，說這種故事總是要誇張點。當時我感覺似有似無地大約過了一分鐘，感覺並不是很強烈；但我要稍微誇張點，那是很重要的。緊接著樓下的電話鈴聲響起來了。這部分我記得很清楚，原因我現在要告訴你們。有人接了電話，大聲喊：「嘿，彼德！」我的名字不叫彼德，電話不是找我的；而我祖母身體好得很，沒有問題。

所以，我們應當做的是蒐集、累積許多許多類似個案，以對抗少數幾個實際發生了奇怪事情的例子。奇怪事情是有可能發生的，並不是毫不可能，但是不是從此以後，我就要相信我有這種神力，預先可以知道祖母會因為我腦袋裡的想法而生病？

關於這些故事，還有另一個特點，那就是他們往往沒說清楚當時的所有狀況。為了這個原因，我要談一談另一個例子，但這個例子比較不那麼快樂。

我在十三、四歲時認識了一個女孩，我很愛她，過了大約十三年，我們結婚了，但她不是我現在的妻子，等一下你們就明白發生了什麼事。她得了肺結核，其實她得肺結核已經有好幾年了。當她得這個病時，我送了她一個鐘，鐘面上顯示時間的是一些會翻動的、大大的數字，而不是用指針的那種。她十分喜歡。她開始生病那天，我就送她這個鐘，而她一直把鐘放在床頭，放了四、五、六年，身體愈來愈差，最後過世了。那天晚上九點二十二分，她過世了，而那個鐘正好在九點二十二分時停下來，從此再也走不動了。

但恰巧，這整個事件中，我注意到一些事情，必須跟大家報告。經過了五年，其實那個鐘已經有點兩腿發軟了，隔不了多久，我就得將它拆開修理一下，因此裡頭的機件有點鬆動。其次，負責在死亡證明單上登記死亡時間的護士，由於當時病房內光線昏暗，曾經拿起鐘來，把鐘面朝上，好看清楚上面的數字，看完再把它放下來。要是我沒注意到這些，我就會陷進麻煩中了。

因此，在聽這些故事時，你必須十分小心，必須記清楚當時所有的狀況，甚至那些你沒怎麼注意的，可能就是解釋神祕事件的關鍵。

總而言之，你不能夠單靠一件或兩件個案，而證明什麼。每部分都必須仔細調查清楚，否則你就變成那些什麼瘋狂事情都會相信，但對自己身處的到底是個什麼世界都不了解的人。其實，沒有人真能了解他身處的是個什麼樣的世界，但有些人比其他人更了解一些。

愚蠢的收視率調查

接下來我要談的另一種相關技巧是，做統計時，如何挑選樣本。當我提到心理系的人把實驗安排好，使得機率在二十分之一以下時，指的就是這個概念。

事實上，統計抽樣是一個牽涉很多數學的題目，我不會談太多細節，但它的大原則倒是蠻簡單明顯的。要是你想知道有多少人身高高於六英尺，那麼你只要隨機地找人來量身高，也許你發現挑了四十個人，身高都是高於六英尺的，因此你就猜，也許所有的人都身高六英尺以上。這聽起來很笨。噢，這很笨，也不笨。如果你在一扇矮門之前，專挑那些從矮門走出來的人來量，那你得出來的結果鐵定會錯。又如果你從身邊的朋友內挑一百人來量，結果也會錯，因為你的樣本局限在國內的一個小地方。

但如果你挑選樣本的方法，是完全跟樣本的身高沒有什麼關連的——起碼沒有人能看到有這等關連；那麼也許在一百人之中，你找到四十個身高高於六英尺的人，於是在一億人裡頭，就差不多應該有四千萬左右的人有這種身高了。究竟有多少人高於這身高或多少人低於這身高，是可以蠻精準地計算出來的。事實上，計算所得的結果要達到百分之一左右的準確率，你必須量一萬個樣本。一般人從沒想過，要提高準確度是多麼困難的事。只不過是為了百分之一或百分之二，你就要試一萬次。

研究電視上打廣告划不划得來的人，使用的就是這個方法——噢，不，他們只不過以為自己在用這個方法而已。其實這是很困難的事情，最困難的部分是樣本的選取。他們到底是如何找到一個「普通人」，願意讓你在他家裡安裝這個小玩意兒，記錄下他在觀看些什麼電視節目；或者說什麼人才是個普通人，願意收錢在家裡做紀錄，每十五分鐘鬧鐘響起，便做一次紀錄，這些紀錄又有多精準等等，我們全不知道。因此，我們不能夠根據這一千個或一萬個進行統計的人——這些研究一般人在看什麼節目的人，而做出判斷，因為毫無疑問，他們所挑選的樣本有偏差。

這些統計調查已經是人盡皆知的事情了，而選取好樣本是戒慎恐懼的事情，也是人人都知道的。統計基本上還算是件很科學的事；也許除非你根本不做統計，就會更科學。研究人員的結論呢，卻是：世上的人都有夠愚蠢，而且唯一能夠告訴他們任何訊息的方法，是無休無止地侮辱他們的智慧。

這個結論也許是正確的。另一方面，結論也有可能是錯的。因此，弄清楚應該怎樣測試出一般大眾到底注意看還是不注意看廣告，事實上是一種任重道遠的責任。

廣告經常在侮辱我們的智慧

就像我之前說過，我認識很多人，普通人。而我覺得他們的智慧受到侮辱了。我的意思是說，周圍都是這種東西。打開收音機，如果你魂魄還在的話，你會發瘋的。人們有辦法不去聽那些東西；不過我還沒學會這招，我就不知道怎樣做到那樣。因此，為了準備今晚的演講，我在家裡打開收音機，聽了三分鐘，我聽到了兩件事情。

首先，當我打開收音機時，聽到的是印第安人音樂——新墨西哥州的納瓦霍族人的音樂。我以前聽過他們的音樂，很高興又再次聽到。我很想學給你們聽，學他們的那種戰爭頌歌，但我今晚不要唱了。納瓦霍族人的音樂對我是一大誘惑，音樂很有趣，來自他們的宗教深處，是他們很尊敬尊崇的東西。因此，我簡單地忠實向大家報告，聽到收音機上還有些有趣的東西，我很高興。那是很有文化的，因此我們要很忠實地報告，你聽三分鐘，會聽到的東西就是那音樂。我繼續聽下去。但我也必須向大家報告，我有點不老實。

我繼續聽下去，因為我喜歡那音樂，真的很好聽。突然它停下來了，有個男人的聲音說：「我們正踏在交通意外搏鬥之路上。」接著他說了一番你要如何當心交通意外的話。那不算是對我們智慧的侮辱，那是對納瓦霍族印第安人的侮辱，也是對他們的宗教、想法的侮辱。因此，我又往下聽，直到我聽到他提到一種飲料，我想是叫百事可樂，說是給想法很年輕的人喝的。於是我說，好了，夠了。

我為那句話思考了好一會兒。首先，這整個說法十分瘋狂。想法很年輕的人是什麼意思？我猜那指的是喜歡做年輕人喜歡做的事吧？好吧，讓他們那樣想吧。然後，這種飲料是給想法年輕的人喝的。我猜，飲料公司研發部門裡的人決定要加多少檸檬汁時的想法是這樣的：「我們的飲料向來只是一種蠻普通的飲料，但我們要重新做些安排，以後它不是給普通人喝的，而是給那些想法很年輕的人喝。再多加點糖！」「一種特別供應想法年輕的人的飲料」這個想法，是絕頂的荒謬。

結果，我們不停地無休無止地受到侮辱，我們的智慧永遠被侮辱。我想到一個反擊的方法。人們有各種方法，你們曉得，聯邦貿易委員會一直想解決這些事情。我的方法很簡單。比方說，你將大西雅圖地區二十六個大廣告看板全租下來，其中十八個還有夜間照明，一租就是三十天。在看板上漆上大大的標語，寫著：「你有沒有覺得智慧受到侮辱？有的話就不要買他們的產品。」然後你也在電視或電臺節目中買幾個時段。節目中途有個男人出現說：「對不起，抱歉要打斷各位的節目。但是如果大家覺得聽到的廣告對你的智慧是一種侮辱或是一種干擾，我們就會建議你不要買那些產品。」問題一下子就全部擺平了。謝謝各位的……掌聲。

記者也經常如此

如果有人錢太多，想把它花掉，我建議他們做前面這個實驗，找出一般的電視觀眾到底有多少智慧。這是很有趣的問題，是找出這些人有多少智慧的捷徑，但這實驗也許有點昂貴。

你會說：「這不怎麼重要。打廣告的人要賣東西呀，」等等理由。但另一方面，認為普羅大眾沒什麼智慧的這個想法，是極端危險的。就算一般人的智慧真的不高，也不應該用他們現在使用的方法。

報紙記者及寫時事評論的人——很多類似的人都假定一般大眾比他們笨，假定大眾沒能力弄懂他們弄不懂的事情。這真的是荒謬極了。我不是說他們比一般人笨，但他們一定在某些方面比某些人笨。如果我有必要跟記者說明一些科學的事情，而他說：「那是什麼？」那麼，我就用最簡單的字彙來說明，好像我在跟鄰居解釋時一樣。他很有可能聽不明白的，因為他的成長背景跟我不一樣；他不會修理洗衣機，不曉得馬達是什麼東西。換句話說，他沒有任何科技方面的經驗。

但是，世界上有很多工程師，有很多對機械有天分的人，有很多比記者聰明的人，比方說，在科學方面。因此，記者的責任就是要報導這些事，不管他懂或不懂他都應該忠實地、精準地按照別人告訴他的方式報導出來。在報導經濟或其他狀況時也一樣。記者們明白他們不了解國際貿易等等複雜十分的狀況，但他們會報導（大致上會報導）別人告訴他們的事情，還蠻忠實的。但一旦碰到科學時，為了這個或那個原因，他們會拍拍我的頭，然後跟傻瓜我解釋說，傻瓜民眾沒辦法聽得明白的，因為傻瓜他聽不懂。

但我很清楚有一些人聽得懂。不是每個看報紙的人都看得懂每一篇文章。有些人對科學不感興趣，但也有些人對科學有興趣，至少他們可以弄清楚究竟那是怎麼一回事，而不單是發現科學家用一個七噸重的機器弄了顆原子大小的子彈出來。報紙上的文章我實在看不下去了，根本不曉得他們在說些什麼。單單說那部機器重七噸，並不能告訴我那是什麼樣的機器！而目前已經發現六十二種粒子了，我會很想知道記者說的「原子子彈」到底是指哪一種粒子。

你幸福美滿嗎？

這種統計抽樣方式，以及這種判斷人們特性的態度，真是事態嚴重。統計抽樣是經常被使用的方法，而我們必須很小心、很小心地使用。這些方法被用在選拔人才（給他們一些考卷等等）、婚姻諮詢及類似的事情上，也被用在決定學生能不能進大學。我並不贊同這種使用方式，但今天我對這方面的批評到此為止，如果有人想進加州理工學院念書的話，我會跟他們談我的這些論點，等我跟他們辯論完，再回來向你們報告結果。

但考試，除了選取樣本的困難之外，還有其他更嚴重的問題。大家會有一種傾向，就是只採取能用分數來表示的部分做為決定的基準。換句話說，候選人的人生態度、對各種事物的感覺，可能都很難量得出來。也有一種做法，是企圖用面談來彌補修正一下；但比較容易的，是給他們更多的考試，而不是浪費時間在面談上。結果就是，只有那些他們以為可以量度出來的，才被採納，而一大堆好東西都被略過不提，很多優秀人才沒被挖掘出來。因此，這整件事情十分危險，應該十分小心地通盤檢查。

例如那些雜誌上經常出現的婚姻問題，「你跟丈夫相處得好不好？」等等，全都是廢話。廢話通常是說：「已經有一千位夫婦做過這項測驗。」接著你看看他們怎樣作答，比較一下你寫的答案，看看你的婚姻是否美滿。實際的情形是，你擬好一堆問題，像「你讓他在床上吃早餐嗎？」之類之類。然後你將這份問卷交給一千對夫婦作答。另外，你有一套獨立、客觀的方法，可以知道他們是否婚姻美滿，比方說，直接問他們或什麼的。

但其實這些都無關重要，測試方法是什麼並不重要，就算這部分做得完美無瑕都一樣，這不是麻煩的來源。接著，你看看所有快樂的伴侶，看看他們如何回答在床上吃早餐的問題，看看他們怎麼樣回答這個那個問題。看到了沒？這跟老鼠慢跑的問題一樣，跟左轉右轉的問題一樣，那就是，憑著一個樣本便斷定發現的機率有多大。要是夠誠實的話，他們應該做的是把整理過的問卷再做一次測試。現在題目都配好分數，他們決定好這樣得五分、那樣得十分，根據的是那一千對夫婦的答案——如果他們快樂的話就得高分，不快樂的話就得低分。

但接下來的是這份測驗問卷面臨的大考驗：他們不能找原先的一千對夫婦來做這次測驗。那一千對夫婦是決定分數配給的，這樣做是走回頭路了，他們必須要另外找一千對夫婦，獨立地重新作答，看看到底那些快樂的人是否就能得高分，不快樂的人就分數低。但他們不這樣做，因為第一，這太麻煩了，其次，少數幾次實際的測試結果顯示，那份問卷不太靈光。

如果今天是搭飛機的好日子

雖然眼看著世界上這些不科學和諸多奇怪的事物給我們惹起一堆麻煩，但其實有很大一部分，我想，並不是跟思考上的困難有關，而是單純地由於缺乏足夠的資訊。其中一個例子，就是相信星座的人。

想也不用想，在座就有不少人相信星座。占星家說，在某些日子去看牙醫會比其他日子去找牙醫好；而如果你是在這天這個時間出生的話，那麼你在某某天坐飛機也會比較好。全都根據各個星體的位置，按照小心訂出的規則計算出來。如果這一切都是真的，那就很有趣了，賣保險的人對此會大感興趣，也會更改某些人的保險費率，因為根據星座預言，這些人在這些天坐飛機存活率比較高。

但占星家從來沒調查過，到底那些在不應該坐飛機的日子還照樣登機的人，是否際遇較差。「某一天是個好日子或是壞日子？」這個問題從來沒有被好好研究及斷定。那是什麼意思呢？

也許這些還都是真的，沒錯。但另一方面，現成的資料中有很多就指向這些不是真的，因為關於這世界是如何運作、人是什麼、這世界是什麼、那些星體是什麼、你看到的行星是什麼，是什麼力量使它們跑來跑去，未來兩千年內它們的位置在哪裡，我們全都一清二楚，他們根本頭都不用抬起來，便知道星體的位置了。除此之外，如果你仔細看看各個占星家所言，你會發現他們也互相矛盾。那麼，你應該怎麼辦呢？

不要相信這些東西了，任何支持他們的證據都沒有，那全是百分之百的廢話。唯一會讓你相信這些東西的，是當你缺乏關於星體、這個世界，以及其他東西到底長什麼樣子的基本資訊。要是像星座這樣的事情在其他的一切物理現象環繞的情況下，還真的存在，那就真的很不尋常。但除非有人找齊了相信和不相信的人，做個實實在在的實驗，向你證明……等等，否則就沒有什麼理由要聽他們的話了。

順便提一下，類似的試驗早在科學萌芽階段便進行過，事情還蠻有趣的。我發現在很早期的時候，例如剛發現氧氣等等的時代，當時的人就以實驗的態度嘗試找出，例如說，到底傳教士（這聽起來很蠢很可笑，其實完全是因為你害怕做實驗，才會覺得可笑），到底像傳教士這樣經常祈禱的一等好人，是否比較少碰到船難。因此，當傳教士要出遠門到遙遠國度時，他們調查船難紀錄，看看傳教士是不是比較少掉到水裡。結果顯示沒有出現這樣的差別，這使得很多人開始不相信其中會有差別。

迷信是會害人的

打開收音機——我不曉得在華盛頓州的情形怎麼樣，一定也差不多；在加州打開收音機，你會聽到各式各樣的「信仰治療家」在說話。我也在電視上看過他們。同樣的，我花了很多力氣去解釋為什麼信仰治療家這件事很荒謬。

其實他們有一整個教派，稱作基督科學教派，都是以信仰治療做為基礎。如果這一切為真，那麼一切也都成立。成立不是由於少數人說的小故事，而是經過仔細的調查，使用最好的方法，就像一般調查任何其他臨床診療的方法一樣。如果你相信信仰治療這一套，你會傾向逃避使用其他的治療方式，也許會拖久一點，才找醫生。有些人的信念強到拖上一段時間才找醫生看，而信仰治療法卻有可能不是真那麼有用。這是有可能的，我們並不確定，但信仰治療法可能沒那麼有用。

因此相信信仰治療，是可能帶來危險的；那不像相信占星術般，對什麼事情都無傷大雅，因為相信星座理論的人頂多在某些日子才做某些事，只是比較不方便而已。信仰治療法則有可能應該將它研究清楚，因為大家都有知的權利——相信耶穌基督能治病的人到底真的受到幫助呢，還是受到傷害；到底這會帶來痊癒或傷害，兩者都有可能的，就應該被好好研究，而不是任令一堆人相信它，卻沒人去調查研究一下。

事實上，不只收音機出現信仰治療家，還有很多收音機宗教家，拿著聖經來預測未來會發生的各種事情及現象。我聽過有個男人在收音機上說他夢到去拜訪上帝，聽祂說了很多關於他辦的團契的事情等等，讓我訝異不已。哎，這個不科學的年代……我真不知道該拿他怎麼辦。

我不知道有什麼思維法則，可以一時三刻便證明那是腦袋不正常。我想這屬於那種對事情缺乏一般了解的情況。他們不了解這世界其實是多麼的複雜，像他提到的事情是多不可能發生。

但當然囉，在更仔細的調查之前，我無法證明他們是錯誤的。也許一個方法就是，永遠追問他們怎麼知道那是真的在發生，而同時記住也許他們是錯誤的。不管怎麼樣，請你們起碼就記住這一點吧，因為也許這就省了你們很多錢，不會給他們太多捐獻。

畫出好大一張餅

這個世界上，當然有許多事情完全是由於愚蠢而出現的結果，你無法阻擋，也打不倒的。我們每個人都會做些笨事情，也認識一些特別比別人多做些笨事情的人，但統計誰做最多笨事情並沒有什麼用；政府更有嘗試保護的措施，保護這些愚笨事情，但不是百分之百保護得到。

例如，我參觀過一個沙漠工地，考慮買地。大家大概都知道他們賣地的方式；這些房地產商，他們要打造一整個城市。這很教人興奮，十分神奇，你一定要去看看。想像一下走到這個沙漠裡，什麼都沒有，而只有些旗子插在地上，上面有門牌號碼，路牌路名都有了。於是你開著車子，穿過沙漠，去找第四街等等，然後開到第三百六十九號工地，你想，這就是你要的地方了。你站在那裡，一邊踢地面上的沙子，一邊跟那個推銷員討論，為什麼買街角的地比較好，這樣一來，你家的私用車道可以安排得比較好，因為可以從這邊那邊開車進去。更糟糕的是，你發現自己跟他討論起海濱俱樂部，俱樂部將會蓋在某某海，成為會員的規則是什麼，以及你可以帶幾個朋友等等。我跟你們說，我總是會陷入那種地步。

到了決定要買地的時候，結果發現州政府定了些措施要幫助你。他們印了這麼一份東西，說明這麼一件事情。賣地給你的房地產經紀人說，法律規定我們要給你看看這份說明。這份東西說，一切都跟加州其他房地產交易差不多之類等等。而在這些東西之中，我讀到，雖然他們準備招徠五萬人到這地方住，但這裡的水源只夠某個數目的人用，而我最好不要提這個數字，否則會被控毀謗。但數字比五萬低太多了，我記不得確實的數字，大約在五千人左右。

當然他們老早就注意到這件事，而他們告訴我，在另一個很遠的工地裡，剛發現了新水源，他們正要把水引過來。等我再詢問這件事時，他們很小心謹慎地解釋，說他們才剛發現這件事，因此來不及印到州政府發出的說明書內。

唔哼！

同樣是瓶子和標籤

我要再舉一個類似的例子。有一次我在大西洋城，跑進一家──唔，像一家店鋪。裡頭有很多椅子，很多人坐在那裡聽一個男人講話。他很有趣，懂很多關於食物的事情，當時他在談營養及其他東西。我記得幾句他說的很重要的話，例如「連蟲也不吃白麵粉」之類的。他說得很好，很有趣。

他說的都很對──也許有關蟲的部分不對，但提到蛋白質等等部分，卻都很不錯。接著他談到聯邦純淨食物及藥品法案，解釋法案如何保護我們。他說，每樣自稱為優良健康食品、能補充礦物質及這些那些的產品，瓶子上都一定貼了個標籤，告訴你裡頭的成分，它會有什麼作用。標籤宣稱的所有事項，必須都說明得很清楚，如果有什麼錯誤，就怎樣怎樣。他告訴聽眾一切資訊。我跟自己說：「他怎麼賺得到錢呀？！」

一堆玻璃瓶子出來了。終於，露出原形來了，他在賣一種健康食品，而當然，食品乃是放在咖啡色瓶子內的。而有那麼湊巧，他剛剛才進來這裡，一時匆忙之間，還沒時間將標籤貼上。唔，這裡有一堆標籤，這些就是瓶子，他沒時間，趕著要把東西賣掉，於是他給你這些東西，請你自己貼上去。那傢伙真有勇氣。他先跟你解釋做什麼要擔心什麼，接著他就這樣做。

我發現在另一場演講中，也發生過類似的事情，那就是丹茲講座的第二場，就是我的上一場演講。一開始，我指出事情全都很不科學，一切都很不確定，特別是在政治的事情上，而兩個國家，蘇聯及美國，則互相對峙著。變了一些神祕的戲法後，結果美國成為好人，而蘇聯則成了壞人。但一開始時，根本沒辦法分辨誰比較好，其實那正是上回演講的重點，但當時我耍了些戲法之後，我從不確定裡製造出相對的確定來。

於是，我同樣是告訴你瓶子和標籤的故事，但同時我又端出一個貼了標籤的瓶子。我是怎麼做到的？你要稍微想一想了。一旦我們開始覺得不確定，那麼我們可以確定的一件事，就是我們並不確定。

有人會說：「不，也許我很確定。」事實上呢，在那一場演講裡，我變的把戲——整個論據中的弱點，需要更多補強和研究的是：我極其激動地請求大家聽我的話，我說開放的管道是好的，不確定自有其價值，更重要的是，容許我們發現新事物，而不是硬要在目前找出個解決方案；因為無論我們現在怎麼樣選擇答案或解決方案，我們找到的都是比較差的方案，鐵定比不上，假定說，等我們把事情釐清楚之後所得到的方案。

我就如此這般做出我的選擇了，但我並不那麼確定這個選擇是對的。好的，現在我已摧毀掉我的權威形象了。

壁上觀也是一種藝術

伴隨著這些問題，特別是在缺乏背景資訊這方面，我相信，有好幾個比占星術更為嚴重的現象。

當我在準備這場演講的資料時，曾經跑到我家附近的購物中心內，進行了一些調查。那裡有一家店，店門口掛了一支國旗。這家店就叫「美國主義中心」，或更加正確的，是「阿特典納美國主義中心」。當下，我跑進美國主義中心，想弄清楚這是家什麼店，發現它是個志工團體。在店門口外面，貼有美國憲法及人權法案等等，還有一封說明他們宗旨的信。信內說的大致是要維護人權等等，一切都遵守美國憲法及人權法案，大致上是這樣。他們在那裡的主要工作是單純地教育大眾。他們有一些書，大家可以買，題材是教育大家關於當公民的觀念之類，也有一些國會的會議紀錄、一些國會做的調查報告小冊子等等，正在研究這些問題的人就可以看看這些。晚上他們也有讀書會等等。

由於對人權有興趣，我就告訴他們，我對這個議題懂得不多，我想找一本談「美國南方黑人的投票自由」的書。店裡沒有這樣的書。噢，有的，那裡有一本後來出現的東西。而我眼角又瞄到兩樣東西，其中之一是一些從事道德重整運動的神父眼中的密西西比，另外是一本小冊子，書名叫作《美國有色人種及共產主義促進協會》。

於是，我跟店裡的女士稍微深入討論一下，想弄清楚究竟發生了什麼事。她解釋了好些事情，我們談了很多，聽了準讓你意外，當她跟我談的時候，我們氣氛都很友善——她說她並不是這個「伯奇社」（注一）的會員，但她看過一些關於伯奇社的電影，因此她有些東西可以談談。她說，當你加入伯奇社之後，就再也不是那種壁上觀的人了，至少你知道你想怎麼樣，因為如果你不想加入這個社團的話，可以不參加，這是威爾奇先生說的，是伯奇社的一貫作風，如果你認同的話就加入，如果你不相信這些，那麼你就不應該加入。

這聽起來跟共產黨說的簡直一模一樣。當他們還沒有掌權時，一切都很好，但如果他們取得權力的話，情形就會完全不一樣了。我試著跟她解釋，說這不是大家口頭上在說的自由，我說在任何組織裡，都應該留有討論的空間，壁上觀也是一種藝術，而且還是很困難的事情呢，更不用說，壁上觀是很重要的，而不是一頭熱地往這個方向或那個方向衝。有行動總是比較好的，是嗎？

比壁上觀好？但如果你還未確定應該走哪個方向的話，就不是了。

他們原先都有一副好心腸

於是我買了兩樣東西，是隨便買的。其中之一是叫作《丹史木特報告》的書——這是個好名字，這本書談的是憲法和一個我會大略介紹的觀念：認為美國憲法最初的版本就夠正確了，後來所有的修正都只不過是錯誤而已。正牌基本教義派！只不過他們熱中的不是聖經，而是美國憲法罷了。接著它按照國會議員投票的情形，將國會議員排列高低。解釋過他們的概念之後，這本書很明確地說：「以下是按照各眾議員和參議員投贊成或反對憲法的票而製成的評分表。」

讓我提醒你們，這些評分表並不是他們的主觀意見而已，這是有事實根據的，根據就是他們的投票紀錄。事實，一點意見都沒有，單看他們的投票紀錄，而當然，每一項都是贊成或是反對美國的憲法，理應如此。全民健保是違反憲法的，等等。我試著解釋說，他們違反了自己訂出來的宗旨。根據憲法，投票是應該的，但不應該的是，每一項東西在事前就已經決定好什麼是對的，什麼是錯的，否則根本不用費心思成立參議院投票了。只要你一天還看到投票這玩意兒，那麼投票的目的正是要試圖讓你下決心往哪個方向走。因此任何人都不可能在事情發生之前就斷定情況將會是什麼樣子。這違反了憲法本身的宗旨。

伯奇社這個組織開始時很不錯，心中有善、有愛、有耶穌等等，一路發展下去，直到有個敵人讓它害怕，然後就忘記它原本的宗旨了。它整個反轉過來，變得跟最初的樣子自相矛盾。我相信開創這些東西的人，特別是阿特典納那些志工女士，都有一副好心腸，有點了解這都是好事，我指的是憲法等等；但在這個系統裡，他們被帶到岔路上去了。怎麼樣發生的，我無法弄清楚，至於要怎麼做，才能避免繼續發生這樣的事，我也不太清楚。

我繼續深入研究這組織，弄清楚他們的讀書會是什麼一回事，如果你們不介意的話，我會告訴你那是怎麼一回事。他們拿了些說明給我。店裡有很多椅子，他們跟我解釋說，對，那天晚上他們有個讀書會，那份說明介紹了他們晚上要研究什麼。我做了些筆記：原來，那跟SPX研究協會有關。一九四三年間，SPX研究協會——結果原來他們是……唔，好吧，我告訴你們他們是什麼。他們之所以會成形，乃是由於當時美國的軍方情報人員擔心蘇俄原本已經沉寂無聲的「第十項戰爭守則」會死灰復燃。癱瘓，面對魔鬼，潛伏，神祕的，教人害怕的。

魔由心生

打從羅馬帝國的軍隊起始，軍隊中一些神祕人物，就有各種戰爭守則。第一項、第二項、第三項。這是第十項。我們不用知道其他幾項是什麼東西，更不消說還有第十項戰爭守則。這整個觀念，這些潛伏沉寂的戰爭守則，是十分荒謬絕倫的。而這癱瘓守則又是些什麼東東？他們怎樣應用這個概念？

現在真的是魔由心生了。你怎樣利用這個心魔呢？心魔是這樣用的：他們的教育課程關注的是所有可能被蘇聯滲透、使得美國人心失去抵抗意志力、癱瘓下來的各個方面，像農業、藝術及文化交流等。還有科學界、教育界、媒體、金融界、經濟、政府部門、勞工界、法律界、醫師和美國軍方，以及教會──這是最敏感的部分。換句話說，現在我們手裡有一部公開的政治機器，可用來指認每個說了些你不認同的話的人，而他們都是由於受到第十項戰爭守則的神祕力量影響，意志被癱瘓掉了。

這個現象跟偏執狂很像。你根本無法否定「第十項守則」的存在。要證明這守則並不存在，除非你首先達致某種心理上的平衡，對我們的世界有某種程度的認知，明白「將最高法院想像成征服全球的工具，而這單位已經被癱瘓掉了」是一種失控的想法。對他們來說，所有東西都被癱瘓掉了。你看這變得多麼可怕！他們用一個又一個的例子，來證明這個無中生有的力量是多麼的可怕！

這是偏執狂的最佳詮釋。就像一個女人變得緊張起來了。她開始懷疑她先生要對她不利，於是不想讓先生進門。先生企圖跑進屋內，正好證明了他想對她不利。先生找了個朋友來跟她談。她曉得這是個朋友，內心深處卻仍一面倒地認為，這更加證明了她愈來愈強烈的害怕及恐懼都是真實的。她的鄰居也跑來安撫她，談了一會兒，蠻有用的，但為時很短。鄰居回家去了。她先生的朋友跑去看她的鄰居；那麼鄰居也被汙染了，而且他們會跑去告訴她先生她說的一大堆不好的話。噢，天哪，她講過什麼了？接下來，她先生將可以用她說的話來對付她了。

她打電話給警察局，說：「我很害怕。」現在，她把自己鎖在房子內。她說：「我好害怕，有人要闖進房子來了」。警察跑來，試著跟她談，發覺其實沒人要闖進房子。他們要回去了。她記起來了，她先生在城裡是個重要人物，而且在警察局中有朋友，因此警察局也不過是整個陰謀的一部分而已，這再度證明了她想的並沒有錯。她望向窗外，看到有人找她的鄰居。他們在談什麼呢？她看到在他們的後園草叢中有些東西冒出來，他們用望遠鏡在監視她！其實後來發現，草叢中是幾個小孩拿著棍子在玩而已。但她持續地、不停地愈想愈嚴重，直到全人類都牽涉在內，都在對付她。她也記起來了，她打電話找的律師，曾經是她先生一個朋友的律師。一直想把她送進醫院的醫生，也很明顯地跟她先生同一夥。

以彼之道還諸彼身

唯一的解救之道，是自己稍微拉回來，把想法改為：不可能整個城市的人都在對付她，不可能每個人都那麼注意她那沒用的先生，不可能所有人都在忙這件事，這麼全面地圍攻她，鄰居、所有人都在對付她。這太過分了，完完全全地想過頭了。但你怎樣跟一個分不清皂白的人解釋這一切？

我碰到的這些人也一樣。他們心中沒有一種比例感，因此，他們會相信像「蘇聯的第十項戰爭守則」的東西可能出現。我唯一想到能夠打敗他們的，是指出：是的，他們是對的。就像我那位賣瓶子及標籤的朋友一樣，蘇聯確實十分、十分天才和絕頂聰明。他們甚至還告訴我們，他們對我們做了些什麼事。你們看，這些人，這些SPX研究協會的研究人員其實踏著蘇聯人的腳印，用著同樣的癱瘓手法。他們希望我們對最高法院喪失信心、對農業部喪失信心、不再信任科學家以及所有幫助我們的人，基本上是在各方面都不再信任。那些加入這場「爭取自由的運動」的人，想要達成的就是這種境界。他們充分投入，加入這個充斥著國旗及憲法的運動，要使這組織癱瘓。

用他們的話來說：SPX研究協會是個資格完備、在美國法院中發過誓、是第十項守則的最前線的專家權威。而他們的資訊從哪裡來呢？只有一個地方，就是從蘇聯那裡得來的。這種偏執狂，這個現象——我不應稱它為偏執狂，畢竟我不是醫生，我不曉得。但這個現象是個恐怖的現象，它使得全人類及個人都十分不快樂。

另一個異曲同工的例子，就是著名的《猶太長老議定書》。這完全是子虛烏有、虛構出來的文件，據說是一些猶太大老以及猶太領袖聚在一堆，商討出一個掌控世界的計畫。國際級的銀行家，國際級的，你曉得……那是多麼巨大神奇的組織！這真的不合情理，但整件事又不是真的那麼令人難以置信，因此還曾經成為反猶太運動中最強大的動力之一。

我要求的，是在許多方面抱持著一種「難堪的坦誠」。我覺得在政治事務上，我們就應該推動更令人難堪的坦誠。我想那樣我們全都會變得比較自由。

科學家必須老實

我想指出一件事，那就是，人們都不老實。科學家也一點都不老實。但一般人都相信他們是老實的，我指的不是只說真話，而是說你先要釐清楚整個局面情況。你應該釐清楚所有必要的資訊，給所有有智慧、需要做決定的人有所依據。

舉個例子，談到跟核彈試爆相關的議題，我就不曉得自己是贊成還是反對了，贊成或反對都各有理由。核彈試爆會製造出輻射，這是危險的，而且戰爭也是十分糟糕的事。但究竟試爆的結果是更有可能發生戰爭，還是使得戰爭更不可能發生？我不知道。究竟有準備，還是沒準備會停止戰爭，我不知道。因此我不是想說我站在哪一方，這也是為什麼我能夠很難堪、但很坦誠地面對這個議題。

當然，最大的問題是來自到底有沒有輻射的危險。在我看來，核彈試爆最大的危險，以及最大的問題，是它的未來效應。核戰將會造成的死亡以及輻射，是核彈試爆所造成的效應的許多倍，使得未來可能造成的影響比目前製造出來的微小輻射量重要多了。可是，這量是多「微小」呢？輻射都是不好的。

沒有人發現過籠罩在輻射裡頭有什麼好處。因此，如果你提高空氣中整體輻射的分量，就是在製造一些不好的東西。從這個層面來看，核彈試爆產生了一些不好的東西。那麼，假如你是科學家，你有權利、並且也應該指出這個事實。

另一方面，這件事是可以用計量方法來處理的。問題是，多少輻射是不好？你可以玩數字遊戲，說在未來兩千年才會殺掉一萬人。你要的話，根據某種計算方法，這就可以算出來。於是問題是，效應有多大？而上一次……我真希望我有——當然，我應該先查證這些數字，但讓我用另一種說法。下一次你們聽演講時，不妨問問我等一下要告訴你們的問題，因為上一次我聽一場演講時，問了些問題，而我記得講者的回答，但最近我沒有再查證相關的數據，因此我手頭上沒有任何數據。但至少我問了問題：由核彈試爆而出現的輻射量，跟我們從一處地方跑到另一處地方時所感受到的不同輻射劑量作比較時，到底會增加多少的量？例如，用木頭造的房子的背景輻射，就跟用磚塊建造的房子的背景輻射有所不同，木頭的輻射沒有磚塊的那麼強烈。

結果，那時的答案是：由核彈試爆而衍生的效應，遠低於你從木頭房子走到磚頭房子時所接受到的輻射量差；而從海平面走到海拔五千英尺時，輻射量的差別將至少是核試爆產生之輻射量的一百倍。

而如果一個人是絕對地坦誠，真心想保護人們，不希望讓大家暴露在輻射的危險之中（這是我們的科學友人經常說他們努力在做的事），那麼他應該把力氣花在最大的數字上，而不是最小的數字上。他應該指出，要是你住在科羅拉多的丹佛，你接受到的輻射就已經嚴重多了，因為那是因核彈試爆而增加的背景輻射的一百倍，所有住在丹佛的人應該搬到海拔較低的地方去。

如果你住在丹佛的話，先不要害怕。實際的情形是這些輻射量都很小，不會造成什麼分別，效應十分輕微。我請你們問那個問題，是希望你們確定以後是否需要很小心，不要走進磚造的建築內，就像你很小心仔細地為了輻射的理由而企圖阻止核彈試爆。也許在這件事情上，你有其他的政治考量或感覺，才因此要阻止核彈試爆，但那是另一個議題了。

我們真正學到了什麼？

在這些跟科學相關的事情上，我們經常陷入與政府相關的場合之中，而碰到各種不夠老實的情形。特別是在太空探險中，探測各個行星的報導及介紹當中，更是缺乏坦誠。舉個例子，我們可以看看探測金星的水手二號探測船（注二）。

水手二號真是一個讓人興奮、十分神奇的東西。人類終於有能力把地球上的一塊東西送到四千萬英里之外，與金星接近，能夠拍攝到相當於在金星兩萬英里之外拍到的景貌。我真的很難說得清楚這有多教人興奮，這是多有趣的一件事情。況且我這場演講的時間也早已用光了。

這場太空探險途中發生的事情，同樣有趣刺激：機器出現故障，他們被迫暫時關掉所有的儀器，因為水手二號電池的電力在流失，整個東西都有可能停止運作；然後他們又成功地將儀器重新啟動。又例如它怎樣出現過熱的問題，一部分接著一部分停止運作，接著又恢復正常，開始運作。所有探險會出現的意外事件及刺激全都齊備了，這好比哥倫布或麥哲倫環繞地球時一樣，途中發生過船員叛變，一堆的麻煩，還碰到船難呢。

當水手二號熱起來時，報章上說：「它正在熱起來，而我們正從中學習。」我們能學到什麼？如果你有一點點的學問，就會明白你不可能從中學到什麼。將人造衛星發射到靠近地球的上空，你知道從太陽接受到的輻射有多少……那我們很清楚。而當衛星跑到金星附近時，可以接收到多少輻射？其中牽涉到的定律是很精準、很有名的平方反比律。你愈是靠近，接收到的光就愈強烈。很簡單。因此，要計算在衛星上漆上多少的白和黑，好讓它能調節自身的溫度，是一件十分簡單容易的事

其實，我們唯一學到的事情，是它之所以會出現過熱，原因不是什麼，而是由於這個東西製造的過程十分匆忙，最後一分鐘才趕出來，裡頭的儀器也改來改去，結果衛星裡頭產生太多熱能，原先的設計無法承受。因此我們學到

的，並不是科學上的東西，而是在處理類似事情時，不要那麼趕、那麼匆忙，也不要在最後一刻還拿不定主意，改來改去。

靠著奇蹟出現，那東西飛到金星時，差不多成功了。原來的想法，是預計它會飛經金星二十一次，送回跟電視螢幕上看到的類似畫面。結果，它成功了三次。很好，這真是個奇蹟，這是偉大的成就。哥倫布說他的航行是為了要帶回黃金和香料。他沒帶回黃金，也沒帶回多少香料，但那還是一個很重要、很讓人興奮的時刻。大家預期水手二號的旅程，會帶回重大及重要的科學資訊。它沒帶回任何科學資訊。我現在告訴你，它什麼都沒帶回來。唔，等一下，我要稍微修正這句話：它簡直沒帶回來什麼，但這是教人興奮的經驗。未來它還會有更多影響。

報章上說，從觀測金星的結果發現，金星雲層之下的溫度為八百度或某個溫度之類。但那我們早已知道了。今天，透過帕洛瑪望遠鏡從地球觀測金星，就可以證實這溫度。多聰明呀！同樣的資訊，從地球進行觀測就可以獲得。我有個朋友就有這些數據，在他房間內，還有一幅很漂亮的、從地球觀測的金星地圖，上面有等高線、在不同地區顯示不同溫度，熱的冷的，詳細得很，不是只有兩、三塊顏色及幾處高低點而已。

水手二號的確取得一項資訊——金星周遭沒有磁場，跟地球不一樣。這項資訊無法從地球取得。

此外，獲得的一些有趣資訊，是關於從地球到金星途中的太空裡有些什麼。我應該指出，如果你不打算讓衛星撞到行星上，就不必在衛星內添加額外的修正裝置，不用添加額外的火箭，重新修正它的飛行方向。你只要將它發射便可以了。你可以多放些儀器進去，放經過更仔細設計、更好的儀器在衛星裡，而如果你真的想發現這段旅途中的太空裡有什麼，你不用花那麼多力氣在飛往金星之上。如果最重要的資訊乃是在地球與金星之間，如果我們想取得這方面的資訊，那麼拜託請再送另一顆衛星出去，但它不用非要飛到什麼行星去不可，也不用為了校正方向，而使一切變得複雜十分。

我說對了吧！

另一件事情是遊騎兵計畫（注三）。我真的快要吐了！當我看到報章上說，一次接著一次，五次都失敗失靈。而每一次，我們都學到一點東西。接下來，我們卻把計畫砍掉、停止了。我們學到了很多東西呢。我們學到了：某個人忘記關上某個閥門，某人不小心讓沙子跑進另一部分的儀器裡。有些時候我們學到了些知識，但絕大部分的時間，我們學到的，是美國工業界、工程師和科學家都出了問題，這些太空計畫失敗了那麼多次，卻仍沒有一個合理及簡單的解釋！

就我所見，這麼多的失敗都是不必要的。很多問題都出在組織裡、在管理階層、在工程部門，或者在製造這些儀器的時候。知道這些是很重要的，單知道我們永遠在學東西是不夠的。

順便說一下，很多人問我，為什麼要到月球去？因為，這是科學上的一趟偉大旅程。剛巧，登陸月球的過程裡，同時發展起科技，因為你要製造火箭等等的許多工具，才能去月球。而科技發展是很重要的一件事。還有就是，這件事情會使得科學家很高興，他們一高興也許就努力研究一些有助於戰爭的東西了。

另一個可能性，是利用太空進行軍事行動。我不曉得怎樣才能做得到，沒人知道怎樣進行，但也許結果有這方面的用途，說不定最後制止了蘇聯人發展這些我們目前還弄不懂的東西。當中也間接建立起軍事上的優勢。我的意思是說，如果你製造出更大型的火箭，那麼你就可以更加直接地從這裡打到地球其他地方，而不需要先跑到月球再攻擊。

再來一個好理由是政治宣傳。讓其他人的科技趕在美國前面，我們有點丟臉呀，能挽回面子總是好事。這些理由各自單獨時，都不足夠做為去月球的理由。但我覺得，如果你把所有的理由湊在一起，再加上各種我無法想像得到的理由，就值得飛上月球了。

哈，你們沒話說了吧！

述而不作是大毛病

我想談談另一樣東西，那就是，怎樣才能找到新的觀念或想法？這一部分討論，主要是為了要娛樂一下在座的各位同學。

你怎樣找到新的想法？大部分時候，是使用類比的技巧，而且在應用類比的方法時，你經常會犯很大的錯誤。回頭看過去，看看那些不科學的年代，是個很好玩的遊戲。你看看那年代中的某些東西，然後問：我們現在還有沒有同樣的東西，有的話又在哪裡？我也想玩玩這個遊戲，娛樂一下自己。

首先，我們想一下巫醫。巫醫說他懂醫術。病人體內有些精靈老想跑出來，你必須拿雞蛋砸他之類的；還有，披一張蛇皮在病人身上，從樹皮上取些奎寧下來。奎寧發生作用了！但巫醫不曉得他用來解釋眼前狀況的理論是錯誤的。如果我是其中一個族人，而我生病了，我也會跑去找巫醫，因為巫醫在這方面還是比任何人都懂更多。但我會不停地告訴他，說他不曉得自己在做什麼，以後終於有一天，當人們很自由開放地研究這些東西、揚棄了所有他提出的複雜想法時，大家將會找到更好的醫理方法。

今天的巫醫是誰呢？當然是心理分析師和精神醫師了。如果你看看他們在無限短的時間內發展出來的所有複雜概念，再跟其他任何一門科學作比較，看看在其他科學領域裡，一個概念要花多久，才能接著在上一個概念之後出現。你看看心理學中所有的架構和發明出來的東西、複雜的東西：「本我」（人類精神之潛在部分，活力積貯之所），以及「自我」、張力和其他的力量、推力和拉力等等；讓我告訴你，它們不可能都在那裡的，對任何一個腦袋或幾個腦袋而言，在這麼短的時間之內要想出這些東西來，都負荷太重了。不過，讓我也提醒你，如果你活在這一族裡，除了巫醫，你沒人可找了。

現在我可以再鬧一下，這一回是特別為貴大學裡的同學而說的。我曾經想過，中古時期研究科學的阿拉伯學者，他們做了一點科學研究。沒錯，但他們寫了很多關於前人的評論，評論這些評論的評論，描述每個人如何描述其他人，他們就那樣不停地寫這些評論。寫評論是知識份子的一種病。傳統是很重要的。於是，提出新想法的自由、新的可能性等等，都由於認定了「原來的做法比任何我能想得出來的都要好」而全被忽略掉，「我」並沒有權利改變這些現狀、發明任何東西、或想到任何東西。

給語文教授的建議

相對應的，就是你們的英文教授了。他們沉緬在傳統之中，寫很多評論。當然，他們也教導我們之中一部分人英文。談到英文這學科，類比就破功失靈了。

假如我們繼續這個類比，就會發現，要是英文教授能對這世界有些比較新穎、啟迪人心的看法，就會出現很多很有趣的問題。也許說，英文有多少詞類（如名詞、動詞等）？我們要不要再多發明一種？噢……我不應亂說！

那麼？辭彙又如何呢？我們能用的字是否太多了？不，不，我們需要字來表達思想。能用的字是不是太少了？不，很湊巧，當然囉，歷史的演變，是我們剛巧發展出不多不少、最理想的字的組合。

讓我稍稍降低這個問題的層次。那就是，你不停地聽到有人問：「為什麼莊尼不識字？」答案是，因為拼字的關係。兩千年前或更久以前，三、四千年前，大概是那個時候吧，腓尼基人就已經根據他們的語言，理出一套使用符號來形容聲音的對應表。一切都很簡單，每種聲音都有一個對應的符號，而每個符號也有對應的一種聲音。因此，當你看到一些符號，而且知道符號代表的聲音時，你就知道那應該是什麼字了。這是個神奇的發明。

但隨著時間過去，發生了各種事情，英語卻失去控制了。為什麼我們不能改變拼字的方式？誰來做這件事呢？假如英文教授不做這件事，誰還能做這件事？如果英文教授向我抱怨，說跑來念大學的人在念了那麼多年書之後，還不懂得拼「friend」這個字，我會跟他們說，問題出在你拼「friend」這個字的方式。

但還有，也許，如果他們要辯駁的話，那是關乎語言中的文體風格和美感的問題。創造新的字彙以及新的詞類可能會造成破壞。可是重新創作拼字方式，與文體並不相干，這點他們難以反駁。沒有任何藝術的形式或文學的形式，也許除了填字遊戲之外，會因為拼字而影響到風格。其實甚至連填字遊戲，也可以用不同的拼字方式來玩。

而假如英文教授不去做這件事，如果我們給他們兩年時間，卻什麼動靜都沒有；噢，也請不要發明出三種不同方式，發明出一種大家都習慣能用的就好。要是我們等個兩、三年，但什麼都沒發生，那麼我們就去請教語言學家和懂多種語言的人，因為他們知道怎麼進行這件事。你們曉不曉得，他們有辦法將任何一種語言用一種字母來寫，而你能夠讀出來，知道這另一種語言聽起來是怎麼樣的？那真有意思。單單是英文，他們應該更可以做到的。

我有一樣事情要留給他們想。前面我說的，當然顯示了用類比來進行辯論是很危險的，這些陷阱應該被揭發出來。我現在沒時間了，因此我把這問題丟給你們的英文教授，請他們指出靠類比做思考所犯的錯誤。

了解及欣賞正面的東西

有很多東西，正面的東西，是可以使用科學形式來思考，而獲致蠻大進展的。我一直都在挑那些負面的東西，但我希望你們知道，我也了解及欣賞正面的東西。（我也了解到，我已經說太久了，因此我只想稍提一下而已。但這樣又顯得太不平均了，所以我又想多花點時間。）有好些事情，是由很多理性的人用一些頗為有頭腦的方式，在努力發展的，這些沒什麼人注意——還沒有。

例如，有人設計交通系統，將交通系統安排得在其他城市也行得通。偵查罪案也進入到蠻高的層次了，知道如何取得證據、如何判斷證據，以及在看證據時，如何控制住自己的情緒等等。

思考人類的進展時，我們不應該只想到科技發明這件事，有很多很多很重要、非科技的發明是不能輕輕帶過，忽略不提的。經濟活動中支票的這項發明，就是一個例子，此外還有銀行等等類似的東西也是。跨國金融服務也是很神奇的創新。這些絕對是很重要的，而且代表了極大的進步。比方說，會計系統。企業中的會計是一種科學流程——我的意思是說，它也許並不真的是科學，但它是一種很理性的程序。法律的系統也逐漸成形了，系統中有陪審團、有法官。而儘管其中仍然有很多錯誤和毛病，我們必須繼續努力，但我對這種系統仍極為欣賞。還有政府組織的建立，這已經持續進行許多年了。在其他國家，很多問題已經解決了，他們的方法有時我們看得懂，有時看不懂。

讓我提其中之一，因為這一直困擾著我，就是政府在控制軍方力量上，真的碰到困難。大部分的時候，都是麻煩重重，因為最強大的力量總想取得政府的控制權。這真神奇，是不是？一些沒有力量的人能夠控制有力量的人。羅馬帝國碰到似乎難以解決的困難，正是皇帝的御林軍擁有比議會更強大的力量。

然而在我們美國，我們軍隊有某種程度的自律，因此他們永遠不會試圖直接控制國會。大家經常笑話軍方的領導者，不斷取笑他們，而無論我們要他們吞下多少恥辱，我們這些小老百姓還是能夠控制著軍方！我覺得軍方知所自律，意識到自己在政府中的位置，是我們其中的一項偉大傳統，也是其中一樣寶貴的東西，我不覺得我們應該這樣將他們壓迫得這麼緊，否則他們終於不耐煩起來，不再自律，變成脫韁野馬就不好了。

千萬別誤會我。軍方犯了好些錯誤，跟任何組織一樣。他們處理那位叫安德遜先生的方式——我相信他是叫安德遜，那個涉嫌謀殺了另一個人的，就是一個例子，顯示如果他們真的掌權的話，會發生什麼事。

讓各家思想爭鳴

如果我往前看，我應該談談機械的未來進展，因為等我們成功地控制核能之後，我們幾乎能取得免費的能源，將會出現各種可能性。而在不久的將來，生物學的進展會造成前所未見的問題。生物學的快速發展，將會衍生出各種令人興奮的問題。我沒時間一一描述了，因此只好請你們看看赫胥黎所寫的《美麗新世界》（注四），裡頭就點出未來生物學將會被捲入哪一種問題之中。

關於未來，有一樣東西我是頗為看好的。我想，有很多東西都往正確的方向演變。首先，單單是有這麼多國家這件事實，以及它們互相聆聽、交流（儘管他們也試圖掩上耳朵），就是一個例子。結果是各種想法四處流竄，各國都很難屏除不讓其他想法進來。而當蘇俄在壓制像納卡諾索夫這樣的人物時所碰到的困難，卻是我希望能繼續發生的。

另外一點，我想花點時間來稍微詳細一點論述的是，所有牽涉到道德價值和判斷的問題，科學都無法參與。這我之前已經提到過，我也不知道還能怎麼樣用不同的說法來說明。不過，我看到一個可能性。也許還有其他的可能性，但我只看到一個可能性。

你看，我們需要某種機制，某些像「靠觀測結果來決定相信什麼」的技巧。我們需要一個選擇道德價值的系統。在伽利略的年代，曾經出現極嚴重的爭辯，關於到底是什麼使得一件物體跌下來；當時出現各種關於空間裡有些什麼媒介物質，推力或拉力等說法。伽利略的做法是，不管所有的說法，而只找出物體會不會往下跌、跌得有多快。他就只描述這些，而這些大家都可取得共識。他不斷地往這個方向研究，專注在每個人都能認同的部分，不管什麼機械結構及潛藏在下面的理論，他都盡力拖延不碰。而慢慢地，隨著經驗的累積，你找到了其他理論——也許是比較令人滿意、潛藏在下面的理論。

科學剛開始發展的早期，也有很多「恐怖」的爭論，比方，關於光的爭論。牛頓做了些實驗，證明光束穿過一塊三稜鏡之後，會分散為不同顏色的光束，而這些光束假如再通過另一塊三稜鏡，卻不再會被細分。牛頓為什麼要跟虎克辯論？因為當時關於光的理論，是如此這般這般；但牛頓不會跟別人爭辯這現象是否對錯。而當虎克拿一塊三稜鏡做實驗一看，便知道這是正確的。

給所有善意的人們

因此問題是，到底可不可能用一些類似的方法（用類比），來處理道德問題。我覺得這不是完全不可能的事，也許在後果上，大家能夠取得共識，大家同意的是最後結果，但也許不會同意我們做某件事的原因是什麼。

早期基督徒之間，也有許多爭論，例如他們爭論到底用來造成耶穌身體的東西跟上帝的是同種東西，還是很像上帝的東西而已？兩者翻譯成希臘文時，分別轉化為「Homoousion」（本體同一論）和「Homoiousion」（本體相類論）這兩個東西之爭。你們笑吧，但當時人們因此而受到很大的傷害。很多人聲譽受損，有人因這爭論被殺，只因為爭論到底是同樣物質還是差不多的物質。今天我們應該學到教訓，不要當大家有共識時，卻在爭論為什麼我們有共識。

我因此認為，教宗若望二十三世（注五）的通諭〈給所有善意的人們〉，是我們這個年代的一個不尋常事件，也是踏向未來的一大步。我實在再也找不到比通諭裡頭所說的，更能表達我的道德信念、我心目中人類應有的責任和義務，以及人與人之間的責任和義務。也許我不同意通諭裡提到某些想法或概念乃是來自上帝，我也不同意某些想法是歷任教宗很自然及理性地留下來的。我不會同意這些說法，但我也不會嘲諷它，不會提出爭論。我認同教宗所代表的責任和義務為人類的責任和義務。

我覺得，這份通諭也許是一個新未來的起點，在那個新未來中，我們不再執著於為什麼我們相信某些事情，而是著重最終（至少就行動表現方面而言），大家相信同一樣東西。

十分感謝大家。我也很樂在其中。

【譯注】

注一：伯奇社（Birch Society），一九五八年於美國成立的極右翼政治組織。

注二：水手二號（Mariner II）探測船，一九六二年八月發射升空，是第一個任務成功的行星際探測船。

注三：遊騎兵（Ranger）計畫，美國在一九六〇年代的月球探測船計畫，是一九六八年起的阿波羅（Apollo）載人登月計畫的先驅行動。在費曼這場演講之前，五次任務都失敗，之後又失敗一次。直到一九六四年七月底，遊騎兵七號終於成功登陸月球，傳回月球表面的高鑑別率圖像。一九六五年的遊騎兵八號及九號，也都達成任務。

注四：阿道斯・赫胥黎（Aldous Leonard Huxley, 1894-1963），英國小說家及評論家，是著名的生物學家、科學哲學家朱里安・赫胥黎（Julian Sorell Huxley, 1887-1975）的弟弟，他們的祖父湯瑪士・赫胥黎（Thomas Henry Huxley, 1825-1895）是與達爾文同時期的著名生物學家。阿道斯・赫胥黎的代表作《美麗新世界》（*Brave New World*）是寓言體的諷刺小說。

注五：若望二十三世（John XXIII, 1881-1963），義大利籍天主教宗，一九五八年即位時已七十七歲，被認為是過渡性的虛位教宗。但是他胸懷大愛、思想開明，竟成為中古世紀以來最具影響力、最受世人尊崇的教宗。他致力於改善與蘇聯的關係，在一九六二年古巴飛彈危機發生時，與赫魯雪夫友善接觸。為了使天主教適應現代社會，他從一九六二年起召開第二次梵蒂岡大公會議，推動禮拜儀式的更新及增進與其他教派、非基督教徒的互動。一九六三年，他發表通諭〈給所有善意的人們〉（Pacem in Terris），強調聯合國的處境與角色，鼓勵西方世界與共產國度能夠和平相處，共同促進世界和平。

國家圖書館出版品預行編目 (CIP) 資料

費曼的科學精神 : 知識份子的謙卑 / 理查 . 費曼
(Richard P. Feynman) 著 ; 吳程遠譯 . -- 四版 .
-- 臺北市 : 遠見天下文化出版股份有限公司 ,
2023.10
面 ;　公分 . -- (科學文化 ; 232)
譯自 : The meaning of it all : thoughts of a citizen-scientist.
ISBN 978-626-355-462-7(平裝)

1.CST: 科學 2.CST: 宗教與科學 3.CST: 文集

307　　112016890

科學文化 232

費曼的科學精神

知識份子的謙卑

The Meaning of It All: Thoughts of a Citizen-Scientist
（原書名：這個不科學的年代）

原　　著 —— 理查・費曼（Richard P. Feynman）
譯　　者 —— 吳程遠
科學叢書顧問群 —— 林和（總策劃）、牟中原、李國偉、周成功

總 編 輯 —— 吳佩穎
編輯顧問 —— 林榮崧
責任編輯 —— 林榮崧；吳育燐、陳益郎（特約）
美術設計 —— 陳益郎
封面設計 —— 江儀玲

出 版 者 —— 遠見天下文化出版股份有限公司
創 辦 人 —— 高希均、王力行
遠見・天下文化 事業群榮譽董事長 —— 高希均
遠見・天下文化 事業群董事長 —— 王力行
天下文化社長 —— 林天來
國際事務開發部兼版權中心總監 —— 潘欣
法律顧問 —— 理律法律事務所陳長文律師
著作權顧問 —— 魏啟翔律師
社　　址 —— 台北市 104 松江路 93 巷 1 號 2 樓
讀者服務專線 —— 02-2662-0012　　傳真 —— 02-2662-0007；02-2662-0009
電子郵件信箱 —— cwpc@cwgv.com.tw
直接郵撥帳號 —— 1326703-6 號 遠見天下文化出版股份有限公司

電腦排版 —— 陳益郎
製 版 廠 —— 東豪印刷事業有限公司
印 刷 廠 —— 柏皓彩色印刷有限公司
裝 訂 廠 —— 台興印刷裝訂股份有限公司
登 記 證 —— 局版台業字第 2517 號
總 經 銷 —— 大和書報圖書股份有限公司 電話／02-8990-2588
出版日期 —— 1999 年 5 月 25 日第一版
2023 年 10 月 31 日第四版第 1 次印行

定價 —— NTD 300 元
書號 —— BCS232
ISBN —— 978-626-355-462-7 ｜ EISBN 9786263554641（EPUB）；9786263554634（PDF）

天下文化官網 —— bookzone.cwgv.com.tw

天下文化
BELIEVE IN READING